作者简介

宋毅夫，1938年生，辽宁省新民县人，1962年毕业于沈阳农学院水利系，工作于中国农科院辽宁分院、辽宁省水利水电研究院，教授级高级工程师。在职期间从事农田灌溉、农田排水、水资源利用、有压节水灌溉等项目研究，退休后成立光华灌溉水利科学研究所，从事灌溉自动化、灌溉理论、负压给水技术等研究。与中国农科院农田灌溉研究所、水利部灌溉试验总站段爱旺、肖俊夫等合作，主编出版《灌溉试验研究方法》《中国玉米灌溉与排水》《玉米节水灌溉技术》等著作。早年曾参加灌溉学者粟宗嵩、于开德、李英农、黄修桥、陈玉民等主持的课题研究，参与编写《中国主要农作物需水量与灌溉》《中国喷灌区划》《中国农业节水发展规划》《灌溉原理与应用》《中国主要农作物需水量等值线图研究》等著作。

U0306722

李宁　宋毅夫　王明志（左起）　　　　高晓文　宋毅夫　芦玉（左起）
（2005年，莱芜）　　　　　　　　　　　（2007年，莱芜）

2005年作者在负压给水研究鉴定会作汇报（北京）

2009年作者在北京水利科学研究院汇报参加子课题报告
（与中国水科院水利所龚时宏、李久生合影）

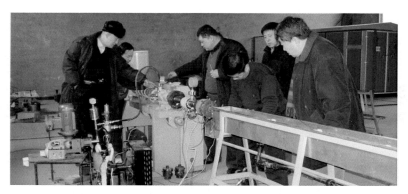

2007年在莱芜作者（左1）同大连水科所王明志（右1）、
莱芜华润公司李宁（左3）研究微孔挤出机

2008年在新乡作者与中国农业科学院农田灌溉研究所工作人员合影
黄修桥　狄美良　李英农　宋毅夫　于开德等（左起）

2010年作者与中国农业科学院农田灌溉研究所工作人员合影
南纪琴　佟文然　宋毅夫　陈玉民　肖俊夫（左起）

植物智能负压给水理论研究

◎ 宋毅夫　著

中国农业科学技术出版社

图书在版编目（CIP）数据

植物智能负压给水理论研究／宋毅夫著.—北京：中国农业科学技术出版社，
2020.5

ISBN 978-7-5116-4592-0

Ⅰ.①植…　Ⅱ.①宋…　Ⅲ.①农业灌溉–灌溉系统–研究　Ⅳ.①S274.2

中国版本图书馆 CIP 数据核字（2020）第 027631 号

责任编辑	金　迪　褚　怡
责任校对	马广洋

出 版 者	中国农业科学技术出版社
	北京市中关村南大街 12 号　邮编：100081
电　　话	（010）82109194（编辑室）　（010）82109702（发行部）
	（010）82109709（读者服务部）
传　　真	（010）82106650
网　　址	http://www.castp.cn
经 销 者	各地新华书店
印 刷 者	北京建宏印刷有限公司
开　　本	787mm×1 092mm　1/16
印　　张	13.75　彩插　4 面
字　　数	326 千字
版　　次	2020 年 5 月第 1 版　2020 年 5 月第 1 次印刷
定　　价	150.00 元

序　言

　　1978—1996 年，我先后参加了水利部多个有关喷灌课题的研究，包括喷灌条件下作物需水规律研究、中国喷灌区划、中国节水灌溉规划等研究课题，发现西方的有压节水灌溉技术虽然节水效果很好，但比传统灌溉耗能要高，在我国推广时发展速度缓慢。在我国面对工业化、城市化飞速发展而能源缺乏的条件下，有压节水灌溉不节能的问题引起我的思考，2004—2006 年在大连市开展了"雨水收集与利用技术试验研究"，在进行陶瓷透水砖开发研究中，我突然发现微孔陶瓷不但具有透水性特性，而且具有微孔保水的特性，并思考联系到能否利用在灌溉给水器上，于是我开始了负压给水器开发研究，也开启了双节灌溉研究的历程，持续至今，路很艰难但志没减。

　　1999—2006 年，我在与大连灌溉自动化研究与城市集雨的试验研究合作中，得到大连市水科所的支持，在城市集雨研究的同时，开展了负压给水硬件的研究，得到大连市水利部门的广泛支持。为了研究水泥和陶瓷负压给水器，得到女儿和女婿开办的农机厂的支持，使模具开发快速地完成。为改善负压给水器的工业化生产，开展了塑料微孔挤出系统开发研究，又开展与国内喷滴灌有名厂家的合作，得到莱芜市润华节水灌溉技术有限公司的支持，用了 3 年时间（2006—2008 年）攻破了微孔塑料挤出系统开发及微孔负压管的研制，获得成功，成果的快速获得是产学研相结合的胜利。

　　但是在微孔负压管的试制生产中，发现微孔质量不稳定，无法达到理想的设计值，原因是生产的温度、压力、配料控制，全部由人工手动控制，操作不规范、不准确，产品质量不稳定。下一步需要解决资金问题，实现全部自动化控制，但现有合作单位研制经费不足，我无奈停止生产，以寻找下一步的合作单位。

　　时间已经进入 2008 年，我第一个联系了从 1980 年就开始合作的单位中国农业科学院农田灌溉研究所，我打电话给黄修桥（时任所长），他很支持这项研究，2005 年在北京举办的"负压给水技术研究"鉴定会上李英能（时任灌溉所副所长）是鉴定副组长，也了解该项研究。双方同意并开始了历时 10 年（2008—2018 年）的合作。但这期间为了解决塑料微孔挤出系统升级需要的 100 万元经费，虽然经历诸多曲折也仍然没能解决，我已八十有余，只能尽力在试生产的产品上，做些测试和简单小规模的田间试验，始终没有放弃研究。

　　我分别在 2006—2009 年与北京市水利科学研究院、2008—2011 年与水利部农田灌溉研究所、2010—2012 年与辽宁建平县灌溉试验站这三个单位合作获得人员与资金支持，开展了负压管性能室内与田间测试，验证了负压给水的科学性、可行性。

　　在十几年的研究中，得到家人和妻子佟文然的支持，妻子跟随我工作负责后勤支持；在开发研究中，先后得到时任大连市水科所所长王明志、高级工程师芦玉和计红艳等的支持，莱芜厂长李宁的支持，中国农业科学院农田灌溉研究所时任所长黄修桥、段爱旺，研究员仵峰，副研究员段福义、韩启彪的支持；时任水利部灌溉试验站站长肖俊夫、南纪琴的支持；华北水利大学研究生王佳田的支持；辽宁建平县灌溉试验站毛兴华等试验人员支持，他们参与了负压给水开发试验研究工作，对他们的热情支持和辛勤劳动表示深深的感谢。

还要感谢中国农业科学院农田灌溉研究所李英能、陈玉民在负压给水研究中给予的支持和鼓励。

感谢北京市水利局科技处和我在辽宁省水利水电科学研究院工作时的同事高晓文的大力支持。

向支持和关心开展支持负压给水开发研究的专家、同行研究人员致谢，没有这些单位和专家的参与和努力，就没有负压给水研究今天的成果，再次向所有参与的同行致以深情的谢意。

宋毅夫

2019 年 6 月

前　言

本书叙述了作者在职与退休后坚持灌溉理论的研究，并继承中华民族的灌溉理念，为创新适合我国自然资源特点的灌溉理论，进行了长达 35 年（1963—1998 年）的灌溉理论试验研究与 15 年（2004—2019 年）的负压给水研究，为后人开创了一条新的作物智能给水思路。

在一生的灌溉试验研究中，每当看到西方学者贬低我国的灌溉历史，十分不忿，发誓要挖掘我国古代的灌溉文明，继承并发挥中华民族的智慧，为中华灌溉发展添砖加瓦，尽绵薄之力，这是我一生的追求。

本书首先梳理了世界灌溉理论的发展历程，将中国古人的哲学、农学、灌溉理论进行简单介绍，发现我国灌溉理论与实践早于西方几百年，甚至几千年之久。新中国成立后我国十分重视考古，考古研究遍布全国各省并获得辉煌成果，峙峪文化、城头山文化、陶寺文化、良渚文化、红山文化等都证明中华文明有 5 000~30 000 年的历史。灌溉文化始于从湖南道县玉蟾岩遗址发现距今约 18 000 年的古栽培稻谷，城头山遗址发现距今约 8 000 年的大量稻田实物标本，有水坑和水沟等原始灌溉系统。这些考古充分证明中华文化与灌溉文化有 5 000~30 000 年的历史。

近 200 年我国在灌溉技术与灌溉理论上与西方发达国家还有一定差距，如利用现代技术开展的灌溉研究、灌溉技术设备、观测手段等，但进入 21 世纪，我国奋起直追，差距在缩小。我国是世界灌溉面积最大、灌溉历史最长的灌溉大国，2018 年我国灌溉面积 73 946 千公顷*，约占世界灌溉面积的 24%，而且还在不断增加。虽然 20 世纪 70 年代我国引进推广节水灌溉，但由于因能源等问题发展缓慢，至今喷微灌只占 14.2%，而美国等发达国家节水灌溉面积占灌溉面积 80% 以上。

为解决灌溉能源在节水灌溉发展中的瓶颈，我开始了 15 年的负压给水研究。本书阐述了负压给水研究历程和成果。全书共十章：第一章 灌溉理论形成与发展：始写于 1980 年，主要彰显我国古代灌溉在世界历史的地位，是我参加我国第一届灌溉试验研究班而作，鼓舞同行承继我国传统灌溉文化再创新的辉煌。后几经修改，2019 年确定本章终稿。第二章 植物智能负压给水理论基础：中国公元前 7 世纪管仲著《水地》，后有汉代刘安（公元前 179—122 年）著的《淮南子·原道训》写道："是故能天运地滞，转轮而无废，水流而不止，与万物终始……夫萍树根于水，木树根于土……天地之性也。……自然之势也。是故春风至则甘雨降，生育万物"，继承了管子的"水生万物，草木由水而生"思想。比西方"水是植物的主体"思想早了 1 000 多年。但近代我

---

* 1 公顷 = 15 亩，1 亩 ≈ 667m²，全书同。

国对水在植物体内的循环理论研究落后于西方，进入 21 世纪我国在信息化时代和智能时代与发达国家同时起步，开始传承复兴我国古代灌溉文化，提出植物智能负压给水理论。第三章 负压给水器研究：始于 2004 年，经历 27 年的节水灌溉研究，发现我国节水灌溉发展缓慢的根源是国家能源资源不足及有压节水灌溉成本高，我开始了负压给水研究，负压是针对西方的有压节水灌溉技术提出的，有压技术的缺点，一是增加能源资源消耗高，二是与传统灌溉技术比增加数倍的灌溉成本。由于我已退休，没有研究经费，就利用与大连市水科所合作时建立的试验室与女儿的农机厂加工条件，自筹微薄的资金开始了负压给水器的研究。第四章 微孔塑料挤出系统研制：作为水利灌溉专业的工作者，对于塑料、机械专业，我是"门外汉"。在试验陶瓷负压给水器时，发现虽然能达到节水节能的效果，但安装十分麻烦，需要一个一个地往配水支管上插，也不适合工业化生产，因此决定开发微孔负压塑料管。为解决开发资金，需要合作者，2006 年开始与大连市水利科学研究所、莱芜市润华节水灌溉技术有限公司合作，开始三年微孔塑料挤出机的研制。边干边学，在两个单位的支持下攻克了微孔塑料发泡配方、微孔塑料挤出机研制难关，天道酬勤，业道酬精，经过三年努力终于研制成功。第五章 负压给水管研制：微孔塑料挤出机的成功，给微孔塑料管的开发创造了条件，塑料微孔透气管国内还没有，在参考国内外发泡技术的基础上，经过一年多的努力终于拉制出具有负压能力的塑料微孔透气管，命名"负压给水管"。第六章 微孔负压给水管水动力学试验：负压给水管虽然试制部分产品，但产品质量不尽如人意，因为受研制经费限制，塑料挤出机的操作是人工控制。当时为了寻找资金想扩大合作方，找到我长期的合作单位，中国农业科学院农田灌溉研究所（以下简称灌溉所），但是升级微孔塑挤出机的 100 万元资金，仍然有困难，只好用试生产的负压给水管做些力所能及的考核试验，这时已进入 2008 年，灌溉所将负压给水管的考核研究给予了资金、人员（含研究生）支持，还新建了试验用温室。与灌溉所共合作开展研究 10 年（2008—2017 年）。第七章 负压给水系统研制：在完成微孔负压给水管的性能测试后，开始了负压给水系统的研究，负压给水系统的缺点是当植物需水较弱时，负压管外边的水膜容易破裂，管内的负压就会丢失，导致管内充满了空气，负压给水就与植物体内的负压水循环失去连接，为此必须立即恢复管内负压。这样负压给水系统就由三部分组成，一是供水连接要建立负压连接；二是要与植物体内水循环形成一体，向植物供水；三是当负压系统负压丢失后要有负压恢复系统。研制任务就是落实三部分功能需要的硬件，检测、执行需要的设备。第八章 微孔负压给水管给水田间试验：田间试验是在试生产的负压管完成后，做过两次田间试验，第一次是 2007 年研究成功后，在与大连水科所合作进行大樱桃灌溉试验时，一同进行了考核试验，第二次是 2011 年在灌溉所与辽宁建平县灌溉试验站合作，同时做了玉米的负压给水与超微压给水试验，两次都完成了对负压给水的田间考核，达到预期目的，验证了负压给水技术的科学可行性。第九章 双节给水理念：这一章重点讲述了农业灌溉，双节给水是我国国情必然的发展趋势，双节措施与发展前景。第十章 植物智能给水理论：该章首先概述了人类对植物智能的认识历史，我国管仲（公元前 716—前 645）所著"管子·内业"中说"凡物之精，此则为生，下生五谷，上为列星"，2 600年前就将植物定性为生物，并有精气，精气乃人类所具有的，此种对植物的认识要比达尔文的智能认识早了 2 500 年。虽然近代人类对植物的智能有近 300 年的争论，但随着基因学及分子生物学对生命秘密的揭示，植物智能说基本统一了认识。本章后半部分是将负压给水理论与植物智能的水分运动连接起来，也将我国古人的以植物主动吸水的理论连接，构成了我国植物智能给水理论。

　　本书出版的第一目的是继承和发扬中华民族的灌溉理论，处处将现代的灌溉与我国古代灌溉理论连接，以我国考古为证，中华文明有 30 000 多年，灌溉文化有 15 000 多年，以考古发现和古代著作为证，将中华灌溉文化向世界传播。

　　本书出版的第二目的是将作者的不完整的负压给水理论初创成果传给后人，作者只是植物智能负压给水理论的启蒙者，寄希望后来的灌溉学者深入研究，将中华灌溉文化发扬光大，服务我国的农业现代化、智能化。

　　此书中有些研究项目已跨越了灌溉理论范畴，如陶瓷给水器、微孔塑料挤出机系统、塑料负压管等研制，以及灌溉理论的著述，受作者的学识修养浅薄所限，错误在所难免，敬请读者专家指点与切磋，作者会衷心的感谢。任正非那句话说得好：我们 14 亿中国人，只要每个人做好一件事，拼起来就是我们伟大的祖国。我是华夏的子孙，本着尽灌溉科技一分子的心情用近一生的努力，把这本书献给我的祖国。

作者　宋毅夫
2019 年 7 月写于沈阳

目　录

第一章　灌溉理论形成与发展

人类为了生存发展农牧业，为了抗御自然界旱涝灾害研究灌溉排水，有文献记录这一过程已有 5 000 年的历史。人类在与灾害斗争中逐步认识自然规律，在修建工程中创造出各种灌溉排水方法结构，经过不断地总结更新才有今天的理论知识。随着信息、生物、材料等新技术的发明，灌溉技术同其他科学一样获得了高速发展。了解历史，借鉴历史经验教训，才能滚动历史车轮向前发展。

第一节　中国古代灌溉实践

一、中国古代灌溉工程

历史是根基，一个有着光辉灿烂古代灌溉文化的民族，更是我们灌溉事业前进的力量、勇气、信心。我国自古就生活繁衍在中华大地上，这富饶秀丽的土地，养育世代中华民族，但也时有暴雨狂风、水吞金山、汪洋一片、民不聊生，时有旱魃为虐、赤地千里、田地龟裂、寸草不生、颗粒无收之时，我们祖先同恶劣环境进行斗争，同洪水、内涝、干旱、台风进行斗争。历史证明，需要才有实践，实践才有理论，先人几千年从自然斗争中总结发明了修堤防导江河、开沟洫除内涝、挖井修塘抗干旱、筑海堤防风浪，积累了丰富经验。

任何应用科学都是在特定环境中，生根发芽，中华大地的自然地理就是中国灌溉文明的土壤，滋生了中国的灌溉工程、灌溉方式、灌溉发明、灌溉理论，研究了解这一发生发展过程，会为我国明天灌溉发展指明方向。有根的树才能生长，根深的树才能枝叶繁茂，今天的中国灌溉工程，一定扎根在中国的大地，外部经验理论只是肥料，没有根系，肥料再好，也无法被大树吸纳。

我国是一个地形复杂、气候多变的地区，季风气候使雨量时空分布不均，夏季雨量集中，春秋雨量稀少，常造成洪涝与干旱交替发生。我国从有农耕历史就开始与洪涝干旱进行斗争，相传夏朝大禹治水在治河上有相传至今一直应用的筑堤导江河理论。

我国 1979 年考古发现城头山遗址，发现稻田配套的灌溉设施，距今有 8 000 多年；湖南道县遗址南方稻作农业距今 1.8 万年；良渚遗址有文字记载灌溉大约有 5 000 年历史，在周礼中有记载"匠人为沟洫：深二尺谓之遂，深四尺谓之沟，深八尺谓之洫，深二仞谓之浍"。到周已经形成更完整的灌溉系统：浍、洫、沟、遂、畎、列，《周礼·地官·稻人》中记载："稻人掌稼下地，以潴畜水，以防止水，以沟荡水，以遂均水，以列舍水，以浍写水，以涉扬其芟，作田，凡稼泽"，记述了库（潴）蓄水，以堤

（防）挡水，以大渠（沟）输水，以小渠（遂）配水，以小沟（列）排水，以大沟（浍）泄水，早在5 000年前我国已有完整的以库蓄水的灌排系统。

夏周之后到战国时期，我国古代的灌溉工程已发展到宏伟规模，最著名的芍陂、都江堰、修建在2 000多年前，灌溉面积都在数百万亩（1亩≈667m²，全书同）以上。随着我国科学技术的进步，西周发明的勾股定理、春秋发明的九九乘法表数学成果，战国发明的指南针、农时24节、力学的平衡与运动、西汉圆周率、唐朝火药等发明创造，为我国水利工程的设计修建发展提供理论基础和技术条件。在其后的2 000多年中，灌溉工程在各地都得到发展，除要维护前朝的工程外，各朝都有新建工程出现，直到明清，著名大型灌溉工程达20多处，灌溉面积已累计达到2 000多万亩。

（1）期思雩娄灌区　公元前605年，春秋时期楚国，楚王令孙叔敖负责兴建了最早的大型引水灌溉工程——期思雩娄灌区。《淮南子·人间训》写道："孙叔敖决期思之水，而灌雩娄之野，灌溉面积达万顷，经过后续扩建将陂塘、沟渠连接成我国最早的大型灌溉系统。"

（2）芍陂　公元前597年前后，楚国孙叔敖主持兴办了我国最早的蓄水灌溉工程，芍陂位在安徽寿县安丰城附近，孙筑堰断溪流，汇集东面的积石山、东南面龙池山和西面六安龙穴山流下来的止水、沘水和北坡裪水入塘于低洼的芍陂之中，被誉为"神州第一塘"。

（3）智伯渠　智伯渠建于战国初年，公元前455—前453年，位于山西太原的晋祠公园内。《水经·晋水注》中载："昔智伯之遏晋水以灌晋阳，其川上溯，后人踵其遗迹，蓄以为沼，水侧有凉堂，结飞梁于水上，左右杂树交荫，希见曦景"，说明到北魏时不仅用于灌溉农田，还是榭、亭、祠、林等园林建筑，傍水跨于渠构成一幅生动优美的山水长卷。

（4）漳水十二渠　公元前403年—前221年，战国时魏国邺城当时是一个军事要地，魏文侯派西门豹去当邺令，西门豹来到邺地，严厉惩罚了欺压百姓的官吏，发动人民开凿了12条渠道，引河水灌溉农田20万亩。

（5）白起渠　白起渠是战国时期修建的军事水利工程，公元前279年修建，早于都江堰23年。渠西起湖北南漳县谢家台东至宜城赤湖村，蜿蜒百里号称"百里长渠"，唐时《元和郡县图志》、北魏《水经注》均有记载，至今灌溉面积30多万亩。

（6）都江堰　都江堰战国时建于公元前256年，是一项世界著名的古代水利工程，是我国古代水利的灿烂明珠。秦昭襄王五十一年命蜀郡太守李冰主持修建了著名的都江堰水利工程，李冰凿穿玉垒山引水，火药还没发明，李冰便以火烧石，使岩石爆裂，开山凿石，拦河筑堰，开渠引水形成了江上拦飞沙堰溢洪道、江心筑成形如鱼嘴分水堰，灌溉面积超过2万公顷。

（7）郑国渠　秦时公元前246年，秦王采纳韩国水工郑国建议，主持兴建郑国渠，在礼泉县东北的谷口开渠，引泾水向东沿北面山脚向东伸展下游进入洛水，渠布在最高地带全长150余千米，灌溉面积4万公顷。《史记·河渠书》《汉书·沟洫志中》均有记载。

（8）白渠　漕渠、六辅渠、龙首渠、郑国渠均在关中地区，并都始建于汉朝。

（9）六门陂　公元 5 年汉南阳太守邵信臣，断湍水立穰西石堨，《水经注·湍水》称："湍水又径穰县（今邓县），为六门陂，汉孝元之世，南阳太守邵信臣，以建昭元年（前 34 年）断湍水，立穰西石堨，至元始五年（公元 5 年），更开三门为六石门，故号六门堨也。"六门陂主要灌溉湍水南面今邓县、新野县的农田 5 千余公顷，回归水流入刁河，再引入钳卢陂，从钳卢陂开有东、西、中三条灌渠，灌溉刁河南面的农田面积达 3 万公顷。

（10）鉴湖　鉴湖位绍兴市南，鉴湖原名镜湖，相传黄帝铸镜于此而得名，公元 140 年东汉永和五年，会稽太守马臻纳山阴、会稽两县 36 源之水入湖，总面积达 200 平方千米，灌田 9 千公顷。鉴湖水质清澈，远有青山倒影于浩淼水下，风景秀丽。

（11）戾陵堰　公元 250 年，三国魏镇北将军刘靖镇守蓟城，派军工建造戾陵堰，拦截湿水修溢流堰，开凿建车箱渠，下入高梁河向东到潞县（通县境）入鲍丘河，灌溉农田百余万亩。

（12）艾山渠　北魏太平真君五年（公元 444 年），薄骨律镇（灵武市）守将刁雍在旧渠口下游开新艾山渠。艾山渠修建，对银川平原水利发展有极大的促进作用，奠定了其塞北赛江南农业发展的历史基础。

（13）东钱湖　东钱湖位宁波市东，湖的东南背依青山，湖的西面平原，是天然潟湖，湖面 20 平方千米，唐朝陆南金出任贸县令，于天宝三年（公元 744 年）相度地势开而广之，湖水灌溉鄞县、奉化、镇海八个乡 10 万亩农田。

（14）它山堰　公元 833 年，唐代县令王元玮创建，它山堰位甬江支流鄞江上，甬江距海口近，海潮海水倒灌，农田与用水受害，王元玮在鄞江上游它山下，用条石砌筑成 36 级的拦河溢流坝，坝长 42 丈，潮汐可挡咸潮，上蓄溪水可灌鄞西平原七乡数千公顷农田。

（15）太湖塘浦圩田　太湖塘浦圩田始于五代，发展于两宋，范仲淹在《范文正公全集·奏议》中写道"江南旧有圩田，方数十里，如大城，中有河渠，外有闸门。旱则开闸引江水之利，涝则闭闸拒江水之害。旱涝不及，为田美利。"

（16）桑园围　桑园围是珠江大型围田，位于海南市与顺德县间，在宋代末年（公元 1101—1125 年）筑有沙头中塘围、龙江河澎围、桑园围、甘竹鸡分围，后至明、清陆续筑保安围等 14 条小围。桑园围全长 68.85 千米，围内面积 133.75 平方千米。

（17）两湖垸田　低洼湖区圩田水利技术，明清时向长江中游发展，当地人称为垸田。垸田是在江河湖泊的周边，修筑堤防将水隔开，堤上设水闸，与江湖能排灌调节的水利。

（18）滇池水利　滇池是天然湖泊位昆明市西山脚下，中部有沙堤将湖分为内湖与外湖，面积 300 多平方千米。水利建设从元到清形成了两大工程，一是滇池泄水工程，二是周边灌溉工程。1262 年就在盘龙江上建松华坝 1268 年又开凿海口河。

（19）吐鲁番坎儿井　吐鲁番盆地北部是博格达山，西面是喀拉乌成山，盆地是大面积戈壁滩，春夏高山冰雪融化与夏季雨水沿山谷下流潜入戈壁滩。新疆人民历时数百年巧妙创造了坎儿井，引地下潜流灌溉农田。坎儿井由竖井、地下渠、涝坝（水池）、出口、地面渠连接而成。坎儿井形成规模清代以后，总数近千条，全长约 5 000 千米。

（20）八堡圳 1709 年（康熙年间）施世榜捐资修建，位于我国台湾彰化市南引浊水溪灌溉东螺东堡、武东堡、武西堡、燕务上堡、燕务下堡、城东堡、马芝堡、二林堡等八堡农田，八堡圳干渠长 33 千米，总计灌溉面积达 33 万亩。

二、中国古代灌溉专家与水利专著

我国古代数千万亩灌溉工程，多数历时 2 000 多年，至今都在发挥效益，不仅开发创建是一部伟大辉煌历史，维护扩建也是我国数代水利科学家聪明才智的结晶，试想数百万亩灌溉工程，历时 50 年维修扩建提高一次，至今需要 40 多次，全国需要多少水利工程专家？有多少从事灌溉管理、灌溉实践者、灌溉研究者？由此可见，我国灌溉历史的厚重、伟大、辉煌，灌溉专家的众多，灌溉经验的丰富。这里简介免不了挂一漏百，只能介绍有代表性的专家和著作。

1. 有关水利基础科学科学家与著作

墨子：约公元前 490—前 405 年，战国初期思想家、政治家、哲学家，著有墨子一书：内容分两大部分，一部分是记载墨子言行、思想；另一部分是对世界的认识和逻辑思想，有《经上》《经下》《经说上》《经说下》《大取》《小取》6 篇，被称作墨辩或墨经，在力学方面墨子给出了力的性质、静力平衡、运动力、引力、物体受力状态等。

刘徽：三国后期魏国山东邹平人，生于公元 250 年左右，古代杰出数学家，编写《九章算术》。九章算术从生产实践出发，分九类问题编写九章，有"方田""衰分""均输""方程""勾股"等问题算法。

秦九韶：南宋普州安岳（今四川安岳）人（公元 1202—1261 年），著有《数书九章》，有一次同余式方程组解法、降水计算、土地面积、营建类等问题算法。

薛凤祚：明朝山东益都金岭镇（今山东淄博）人（公元 1600—1680 年）。是引进传播西方科学知识的先驱者，是天文学、数学、水利专家。著有《历学会通》，以天文历法为主，但也包含丰富的另三卷中的涉及数学、力学、水利及其他先进理念科学知识。

梅文鼎：清安徽宣城（今宣州）人（公元 1633—1721 年），清朝伟大天文、数学家，一生著述颇多，其中在天文·数学上著作后人整理汇集《梅氏丛书辑要》。著作中对中西一些算法进行了深入研究，多有建树，清时称为国朝算学第一。

年希尧：广宁（今辽宁北镇）人，数学家公元 1729 年著《视学》，开创了我国透视法绘图技法。另有《测算刀圭》，补佐视学的数学计算方法。

李善兰：清朝浙江海宁人（公元 1811—1881 年），数学、天文学、力学、植物学家。李善兰在数学方面的研究成果主要见于其所著的《则古昔斋算学》，该书是收录他 20 多年来的各种天算著作。在他的翻译文献中创译了一大批科学名词，如代数学中的代数、函数、常数、变数、系数、已知数、未知数、方程式……沿用至今而不变。

2. 农业气象学水文方面科学家与著作

孔晁：最早相关农业气候著作是《周遗书》，今现存全书 10 卷 59 篇，其中在 51 篇《周月解》、52 篇《时训解》、51 篇《月令解》中，记述了四季二十四节气共七十二候，记述了农事耕、种、收、施肥、防虫、灌溉气候、土壤相关与各类作物栽培关系。

黄子发：唐朝人，收集民间气象 169 条景象谚语，汇集于《相雨书》一书，是我国最早的一部气候歌谣集，其中有看云、雨、雷、雾测天气，把时节与农事连接起来指导农事活动，很多歌谣至今流传，在农业生产中仍有价值。

娄元礼：明雪川（今浙江吴兴）人，于 14 世纪中叶编写《田家五行》，该书分上、中、下三卷，上卷按月排序，分 12 月，中卷按天文、地理、草木、鸟兽、鳞鱼等分类，下卷是三旬、六甲、气候、涓吉、祥符等类，在农业生产和生活活动中广泛流传。

周达观：浙江温州永嘉人，公元 1295 年出使柬埔寨，著有《真腊风土记》，记述了柬埔寨的气候、水文、农耕、水稻栽培情况。

班固：东汉扶风安陵（今咸阳）人（公元 32—92 年），著有汉书，在《汉书·地理志》中记载川渠 480 个，泽薮 59 个，整理描述 300 多条水道的源头、流向、归宿和长度，在《汉书·沟洫志》中记载了截至汉以来的水利与灌溉工程规模、修建年代，历时变化；记载了各河流洪水发生年代，灾害程度。班固在《汉书·艺文志》著录有《尔雅》3 卷 20 篇，其中对水、泉、河都有完整定义；在《汉书·五行志》中记载了风雨雷电，旱涝等现象和发生时间。是我国最早的具有农业水文特征的水文著作。

郦道元：北魏范阳郡涿县（今河北涿县）人（公元 469—527 年），主要著作有《水经注》有 40 卷，水经注记载大小河流 1 252 条，河流名称有河、江、水、川、溪、渠、渎、沟、涧、伏流、峡、谷、瀑布等，记述其发源、干流、支流、河谷宽度、河床深度、流程、方向以及水量的季节变化、含沙量、冰期等。科学分类河流系命名，论述了气雨水江河湖海形成循环理论，同时记述了流经地的人文、地理、山川、城镇、古迹，描绘水文、植物、土壤、气候自然环境，是一部伟大的水文地理科学巨著。

徐霞客：明南直隶江阴（今江苏江阴）人（公元 1587—1641 年），著《徐霞客游记》，游记以亲历资料分析，以地理地貌为主轴，同时对各地河流水系分布水文特征有详细的记述，记载了江、河、溪、渎、涧等大小河流 500 多条，有发源地、流域面积、流速、含沙量和侵蚀作用等水文情况，研究了河流侵蚀与流速、河床比降有关。

3. 植物生理学论点

管仲：春秋时齐国人（公元前 716—前 645 年），著有《管子·水地》在水池篇中反复强调"是以水者万物之准也……集于草木，根得其度，华得其数，实得其量。水之内度适也""水是也，万物莫不以生。唯知其托者能为之正，具者，水是也。故曰：水者何也？万物之本原也"，提出"水是生命之源"，结合管子的地员说，地与水是草木之本源。

宋应星：明江西奉新北乡人（公元 1587—1666 年），1637 年著有《论气》及《谈天》提出有关万物本原及本质，"天地间非形即气，非气即形，杂于形与气之间者，水火是也。"在说动植物是有形之物，是由气经水转化而成，植物是一粒种子由水、气催腾而成长。提出了动植物生转轮回的物质不灭理论。

4. 有关农田水利著作与水利灌溉专家

我国古代专业分工很笼统，地方主官所有大事均管，水利是关系民生大事，很多大型水利都是州县官负责修建，专职官员到唐朝开始中央设工部下水部管理水利，水利专家大多是官员。

孙叔敖：孙叔敖楚国期思（今河南固始）人（约公元前 630—前 593 年），楚国名臣。在任令尹之前，公元前 605 年修建期思陂（期思雩娄灌区）是我国最早的大型渠系水利工程，任令尹后发动人民"于楚之境内，下膏泽，兴水利"，继续推进楚国的水利建设，于公元前 597 年修建大型蓄水水利灌溉系统芍陂。

李冰父子：战国时今山西运城人（约公元前 256—前 251 年），秦昭襄王末年为蜀郡守，在公元前 256 年李冰创建都江堰，在岷江上"凿离堆""壅江作栅"，行舟分水防洪灌溉成都平原。在治水与水利工程建筑上有高超建树，利用自然条件因势利导巧夺天工设计，制定修后管理制度，使工程经千年而不衰。李冰虽然没有留下水利著作，但他留给后人的是千年富饶的成都平原、天府之国，在中国乃至世界水利史上放出耀眼光辉。

司马迁：西汉夏阳（今陕西韩城）人（公元前 145—前 90 年），司马迁早在 20 岁时，遍踏名山大川，考察山川名城历史遗迹，了解人文地理遗闻轶事、水利工程灌溉渠系，司马迁 38 岁做太史令，著有《史记》共 130 卷，其中卷二十九《河渠书》，书中最早用"水利"一词，写道："自是之后（瓠子河决口），用事者争言水利。朔方、西河、河西、酒泉皆引河及川谷以溉田；而关中辅渠，灵轵引堵水；汝南、九江引淮；东海引巨定；泰山下引汶水：皆穿渠为溉田，各万余顷。佗小渠披山通道者，不可胜言。然其著都在宣房"，自此"水利"一词以治水、河运、修渠、灌溉等专业内容，沿用至今。

召信臣：西汉九江郡寿春（今安徽寿县）人（活跃于公元前 48—前 33 年），任南阳太守，主持修建最有名的是六门陂和钳卢陂。两陂互联，沿途形成 29 个陂塘，形成"长藤结瓜"式灌溉系统。

郏亶：北宋苏州昆山县太仓（今江苏昆山）人（公元 1038—1103 年前后），熙宁五年（公元 1072）任司农寺丞，在负责江浙水利与治理太湖塘浦水利时，积累水利经验，后写成论开发苏州水利及兴修圩垸、开浚塘浦的专文上奏，总结治湖的有名六失六得，后又撰写了《吴门水利书》，另还绘制了许多水利图，为历代太湖治理发展起到指导作用。

郭守敬：元顺德邢台（今河北邢台）人（公元 1231—1316 年），对天文学、数学有卓越贡献，是水利专家和仪器制造家。在参议北京西北郊铁幡竿渠的设计时，创用了依据降雨产流设计渠道定量关系的计算方法，在水利测量上曾提出，以海平面作为基准，比较大都和汴梁（今河南省开封市）两地高差，这是测量学上的一个重要概念——海拔的创始人。

徐贞明：明江西贵溪人（生不详—公元 1590 年），徐贞明是隆庆五年（1571 年）进士，任浙江山阴县知县。他主持修建了长 50 多里的挡潮堤，后徐贞明以尚宝少卿身份主持京畿一带的农田水利开发工程，提出开发京畿水利的建议。他撰写了《潞水客谈》一文，全篇仅约 5 700 字，阐述了开发西北水利的设想。他提出 13 条理由，说明开发西北水利是当时最大最急的国家大计。

徐光启：明朝南直隶松江府上海县人（公元 1562—1633 年），他在家乡钻研农业生产技术、天文历法、水利工程、和数学著作。徐光启后来结识精通西洋的自然科学传教的耶稣会会长利玛窦，1607年与利玛窦合作翻译《几何原本》前六卷正式出版。后他在天津购置土地，种植水稻、花卉、药材等，他在天津从事农事试验，这期间徐光启写成《粪壅规则》（施肥方法），并写成他后来的农学方面巨著《农政全书》，书共分12部分60卷（农本、田制、农事、水利、农器、树艺、蚕桑、蚕桑广类、种植、收养、制造、荒政）。第四部分是"水利"，主要叙述了农田水利方面的问题，在12～20的九卷中，专门叙述了与兴修水利有关的许多问题，如《总论》《西北水利》《东南水利》《水利策》《水利疏》《灌溉图谱》《利用图谱》《泰西水法》。

5. 灌溉理论方面

在古代从事灌溉研究的是主管农业的官员，能留传下来的多是史记类中的水利灌溉与作物栽培部分内容，也有古人对自然界事物的哲学思想，一些精辟的论述很多延续至今。

管仲：春秋齐国颍上（今安徽颍上）人（约公元前723或公元前716—前645年），政治家、军事家，在哲学上也有建树，著有《管子》86部分，以与桓公对话形式记述，内容丰富。在《管子·度地》第五十七中对水性、水资源、水害、水利、水流动规律、川河江海湖的定义有精辟的论述，如对水资源的认识"乡山左右，经水若泽。内为落渠之写，因大川而注焉。乃以其天材地利之所生，养其人以育六畜"体现了水是国之本；对水旱灾害的认识"水，一害也。旱，一害也……五害之属，水最为大。五害已除，人乃可治。"；对水的分布及重要认识"水有大小，又有远近，水之出于山而流入于海者，命曰经水……"；对水流动认识"水之性，行至曲，必留退，满则后推前……"。在《管子·地员》第五十八中对水土植关系、土壤水等认识，讲述了水土植相依互动原理，如地下水对土壤植物的影响"赤垆，历强肥，五种无不宜，其麻白，其布黄，其草宜白茅与蔍，其木宜赤棠，见是土也，命之曰四施，四七二十八尺，而至于泉，呼音中商，其水白而甘，其民寿"讲述水土植物的关系。

吕不韦：战国卫国濮阳（今河南濮阳滑县）人（公元前293—前235年），秦国丞相，在公元前239编著《吕氏春秋》共分为十二纪、八览、六论。书中季春纪第三．圜道论述有关事物发展规律"物动则萌，萌而生，生而长，长而大，大而成，成乃衰，衰乃杀，杀乃藏，圜道也。云气西行，云云然，冬夏不辍；水泉东流，日夜不休。上不竭，下不满，小为大，重为轻，圜道也"，这是原始的有关生物轮回规律和水汽水文循环的规律的认识。

刁雍：南朝渤海饶安（今河北盐山西南）人（公元390—484年），字淑和。晋御史左丞相，魏书列传26《魏书·刁雍》中记载，刁雍修艾山渠渠系布置和灌区灌溉制度管理已有研究"高于水不过一丈，河水激急，沙土漂流，今日此渠高于河水二丈三尺。又河水浸射，往往崩颓。渠溉高悬，水不得上……平地凿渠，广十五步，深五尺，筑其两岸，令高一丈。……一旬之间，则水一遍；水凡四溉，谷得成实。官课常充，民亦丰赡"。

单锷：宋宜兴湖父镇人（公元1031—1110年），公元1088年写成《吴中水利书》，是一本向朝廷关于太湖流域水利灌溉系统如何治理的建议书，单锷无功名一心专研水利，认真总结了关于太湖治理的经验和教训，做出规划图，促进太湖经济发展。

氾胜之：西汉山东氾水（今山东曹县北）人，在汉成帝（公元前 32—前 7 年）时为议郎，农学家著有《氾胜之书》，提倡区田，每亩 15 区"汤有旱灾，伊尹作为区田，教民粪种，负水浇稼……区种，天旱常溉之，一百常收百斛"，相当现在畦田，灌溉产量高。

研究水稻的水温对水稻影响，并提出调整水温办法"种稻，春冻解，耕反其土。种稻区不欲大，大则水深浅不适。冬至后一百一十日可种稻。稻地美、用种亩四升。始种稻欲温、温者缺其塍（田埂），令水道相直；夏至后太热，令水道错"。地下灌溉法主要用于种瓜"以三斗瓦瓮埋著科中央，令瓮口上与地平。盛水瓮中，令满。种瓜瓮四面各一子。以瓦盖瓮口。水或减，辄增，常令水满"。还提出湿润灌溉种瓠"旱时须浇之，坑畔周匝小渠子，深四五寸，以水停之，令其遥润，不得坑中下水"。

王祯：信州永丰（今江西广丰县）人（公元 1271—1368 年），曾任宣州旌德县尹，公元 1313 年著《农书》37 集，在"农桑通诀"中专辟"灌溉篇第九"，追溯古代治水兴利发展过程，总结灌溉工程经验，点出元时多处灌溉工程失修，力主兴废修坏，书中最后高呼"遮灌溉之事，为农务之本，国家之厚利也"。

表 1-1　中国古代有关农田灌溉主要著作

朝代	年代（公元）	水利著作	作者	主要成果
周	前 11 世纪—前 771	周礼·卷六考工记	周公	匠人为沟洫：灌排系统
春秋	前 551—前 479	尚书·夏书·禹贡	孔丘	治水
	前 403—前 221	春秋·圜道	吕氏	天地物人轮回论
战国	前 256	管子·地员、度地	管仲	水气植古典循环说
东汉	141	汉书·沟洫志	班固	古代水系沟渠考察纪实
北魏	526	水经注	郦道元	古代水系考察纪实
唐	618—907	水部式	唐	唐朝水法
北宋	1060	水利图经	程师孟	淤灌
	1068	农田水利约束	宋	宋代水法
	1072	吴门水利书	郏亶	太湖灌溉系统经验与教训
	1088	吴中水利书	单锷	太湖水利系统
	1149	农书·地势	陈旉	农田水利建设
元	1342—1344	泾渠图说	李好文	泾渠建设与管理
	1313	农书·灌溉篇	王祯	灌溉工程与设备
	1627	农政全书·水利	徐光启	灌溉工程水法
明	1637	天工开物·乃粒	宋应星	作物灌溉与设备

三、中国古代灌溉技术

我国灌溉五千年历史，能经久不衰，除有政要、理论、科学家外，更有亿万劳动者的发明创造，他们劳作在农田、灌溉工程第一线，灌溉实践造就智慧，创造了我国灌溉历史、灌溉文明。

1. 灌溉枢纽工程方面发明创造

单坝引水枢纽：公元前 605 年，期思雩娄灌区；公元前 279 年，白起渠；

多坝引水枢纽：公元前 455—453 年，智伯渠；公元前 403 年，漳水十二渠；

分流滚水坝枢纽：公元前 256 年，都江堰；

库塘引水枢纽：公元前 597 年前后，芍陂；

多库引水枢纽：公元 5 年，六门陂；考古良渚遗址多库引水距今 5 000 年；

井渠引水枢纽：公元 526 年，龙首渠；

坎儿井引水：新疆吐鲁番坎儿井；

井灌：四千多年前的龙山文化遗址中就发掘出了井；

拒咸蓄淡引水枢纽：公元 833 年，它山堰。

2. 灌溉田方面发明创造

垄田：垄作，有沟灌，始于周朝。有 4 000 多年历史，适于北方旱田灌溉。

井田：类似今天的方田，古称井田，沟渠成井字布置，适于大平原灌溉系统。

畦田：畦作，有畦灌，考古发现西汉时的陶园圃模型有井畦系统，文字记载西汉氾胜之著农书中有区田，可证明西汉已有畦灌，公元前 200 年左右，适于平原灌溉。

圩田：江浙地区，太湖流域，盛于北宋年间（公元 1043 年），适于沿海江湖地区灌溉。

垸田：两湖地区，公元 1271—1840 年间，适于沿江湖泊岸边灌溉。

梯田：旱田梯田有数千年历史。水田梯田，南宋（公元 1149 年）《陈旉农书》中《地势之宜》篇对高田有论述，到元王祯（公元 1313 年）著《农书·农器图谱集》中有"梯田"图，梯田分布云贵湖广几省，水田梯田适于多雨山地灌溉。

围田：珠江下游桑园围，始于北宋公元 1100 年左右，适于热带季风气候低洼区灌溉。

涂田：沿海滩涂，迎海侧筑海堤防海潮，朝陆修沟渠灌排水系，适于海涂开发。

架田：在湖面造漂浮之田，元王祯《农书·农器图谱集》有架田图，适于种植园艺。

台田：于低洼地，将地表做成台与沟相间排列，台面与沟底相差数十厘米。

3. 灌水技术发明创造

沟灌地面灌：我国考古表面新石器时代，于 6 500 年前已有小型灌溉系统。

畦灌：公元前 200 年西汉已有畦灌，每亩 15 畦，灌溉效益有很大提高。

渗灌：西汉时已瓦瓮罐埋于地下（公元前 33—前 7 年），保持瓮中水不断湿润禾苗。

湿润灌：于灌溉作物周围，挖小沟灌水，湿润沟围内田面（公元前 33—前 7 年）。

4. 灌溉工程机械发明创造

渠系建筑物：架槽（渡槽）、座筒、水栅、水闸、阴沟（倒虹吸）、瓦宝（涵管）、浚渠（跌水渠）、水簿（消能簸器）［元朝载于王祯《农器图谱》灌溉门（公元1313年）］。

取水机械：辘轳；《物原》记载："史佚始作辘轳"（周朝公元前11世纪—前771年）；桔槔（杠杆原理提水）；翻车：三国时期发明（公元前475—前221年）；筒车、筒轮：发明于隋而胜于唐（公元581—618年）。

从近年的考古发现灌溉文化出现年代不断更新。

第二节　灌溉理论形成

任何科学理论都产生于人类的生产实践。从上述人类走过的历史可以看到，灌溉理论伴随农业生产实践同自然洪涝灾害的斗争而发生发展，到了近代才开始有目的、有计划地开展专项科学试验。由于世界灌溉事业急速发展，从事这门科学研究的人员逐渐增多，应用这门科学的队伍更加庞大。这些社会实践促成了这门科学形成和发展，总结这段历史对灌溉科学今后的发展会有所帮助。

一、灌溉理论及内容

世界历史表明，在黄河、长江、尼罗河、印度河、恒河、底格里斯河、幼发拉底河、阿姆河、锡尔河上的灌溉和古代文化都在特定的环境下形成和发展，有自己独特的发展历史，灌溉历史很古老、很久远，但是灌溉作为一门自然科学，要比其他学科形成晚，因为灌溉理论是边缘科学，与农业、水文、气象、生物、土壤等多种学科交融，它融在大的科学类别中。由于灌溉科学的边缘性，决定了它要跨越多种学科，人类开天以农为本，社会分工也十分简单，狩猎农耕以为食用，科学分类是逐步展开，灌溉成为独立学科也是20世纪初才逐步形成，到今天不过百年多的历史。根据收集到的世界各国研究成果，这里将灌溉分为灌溉基础理论、灌溉技术理论、灌溉技术应用理论三门九大类（图1-1）。

（一）灌溉基础理论

灌溉基础理论是研究水在植物生长发育中的作用，植物对水分的需求规律，如何控制水分的供给以满足植物在各种条件下获得良好发育，收获好的收益；同时研究如何将工程开发出的水输送到植物需要的地方。也要研究在不利条件如缺水、淹水、渍水、滞水、污水、咸水、冷水、温水等状态下对植物发育生长的影响，以及破解不利因素向有利方向转化的措施。

1. 农田水利学

我国自宋朝延续灌溉工程和管理的科学，灌溉工程世界各国都有，但称谓不同，水利是我国独有的名词。农田水利学侧重研究农田间灌溉工程理论，涵盖了灌溉原理、工程规划布局、灌排工程措施、灌溉技术、盐碱地改良、水资源利用等。

2. 灌溉原理学

生产实际需要灌溉研究的深入，从事灌溉研究队伍的扩大，人们对各种作物、牧

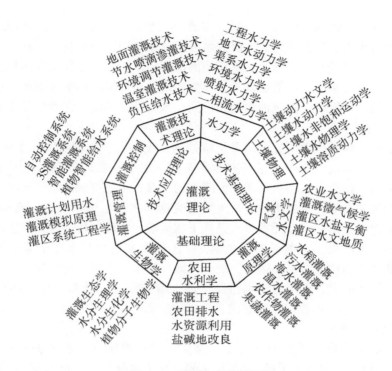

图 1-1 灌溉理论分类构框

草、蔬菜、花卉、景观绿化植物、林木等需水规律，灌溉制度，特征性灌溉措施展开研究；对特定水质条件的灌溉理论，如污水、咸水、海水灌溉问题进行研究，获得了更专业性的研究成果，如水稻灌溉、蔬菜灌溉、牧草灌溉、温室灌溉、污水灌溉等成果，这些研究阐述了各种作物植物为什么要灌溉、什么时间灌溉、灌溉多少水量、灌溉后作物的生理生态变化、怎样灌溉才能达到以最少的水量获得最高的产量等问题。

3. 灌溉生物学

这是介于植物学与灌溉科学间的科学，灌溉研究人员非常渴望了解给到田间水对植物到底产生什么影响，水在构成植物体中的地位，水是如何在植物生命中智能运动，如何影响植物的发育生长，如何控制水的供给速度、供给量、供给水的质量对植物最有利……这样才能更好发挥水的作用，灌溉人做到心中有数、行动有力。从灌溉后对植物生理生态变化的影响，来寻找灌溉增产的机理。为更好指导灌溉实践来探索生理生态指标和它的理论基础，也可将其称为灌溉生物学。

（二）灌溉技术基础理论

植物以土壤为基质进行生命活动，灌溉以水经土向植物各生育期供水，土是连接灌溉水和植物的介质，这涉及水、土、气象，水要从水源流到田间，灌到土壤中才能被植物吸收。研究水在不同介质上流动，要研究水在不同土壤中蓄存与流动的特性，量化这些特性的科学是灌溉技术的基础理论。

1. 水力学

农田水力学与江河水力学有所不同，主要研究水如何输送到田间，研究渠系水力、管道水力、喷射水力、环境水力等，研究水在灌溉系统中的流动特性。在不同介质上流动，环境水力学是随着水质的污染和水环境的破坏而产生的，主要研究污染物在水流中扩散运移特性，及在水中引起的物理学、化学变化，对环境的影响和破解方法。水力学帮助把水经济地、可靠地、安全地输送到田间。水力学是灌溉工作者的基本功。

2. 土壤物理学

灌溉科学在土壤物理学研究中偏重土壤结构、土壤水、土壤水文、土壤水运动学、土壤水非饱和状态运动。土壤水学研究水在不同土壤中存在的形态，不同土壤水的力学、化学、热力学性质；土壤水文学研究降水的入渗、土壤有效降水、土壤径流、土壤水与地下水相关关系等；土壤水动力学主要研究饱和水在土壤中渗透、流动计算方法，而非饱和水动力学是研究水在无重力水条件下的运动、扩散、传导规律。土壤水文学与土壤动力学的交叉产生了土壤动力水文学，将土壤水文规律与水在土壤中的动力学结合，并扩充到水在植物体内循环运动，展开讲即：降水—入渗—土壤水—植物吸收—大气蒸发联成一线来研究。近年由于水污染造成土壤的污染，计算土壤中污染物（包含重金属污染）的运移、扩散规律，形成了土壤溶质动力学。

3. 农业气候水文学

灌溉水文学研究重点是在灌溉地区水文学，包括灌溉地区水文循环特征（降水、入渗、径流、蒸发），农田水平衡，（植物蒸腾、地下水补给、灌溉水量），农业水化学（灌溉区水化学成分、灌溉后土壤水质、地下水质变化）；灌溉区微气候学研究灌溉区域灌后对区域微气候影响，气候时空变化、气候分布、对作物影响及周边环境影响；灌溉水盐平衡研究灌溉开发前后地下水位变化、土壤蒸发、土壤盐碱积累、灌溉冲洗效果等问题；灌溉水文地质要对灌溉区域进行长期地下水位、水量、水质变化规律，地下水、灌溉与水文循环的关系，研究变化给灌溉区域带来利弊影响与应对策略。

（三）灌溉技术应用理论

灌溉理论的研究最终是为了应用。灌溉技术应用理论主要是研究将水送到农田的技术，它要解决以最省的物力均匀地、准确地、及时地、有效地将水送到土壤里。也是我们常说的灌水技术。随着科学的发展这种技术分类越来越多。

1. 灌溉技术理论

灌溉为农业服务，农业的现代化促进了灌溉技术的发展，同时灌溉调节植物环境也引申到调节人类环境、禽畜饲养环境上。灌水技术从古老的地面灌水单一技术已经发展到节水灌溉技术、负压给水技术、温室立体灌溉技术、城市灌溉技术及环境调节灌溉技术等多种形式，每种灌溉形式都需要计算理论支持。比如喷灌技术，需要设备制造设计理论、田间布设理论、效果观测理论等。同样，环境调节灌溉，在我国城乡新城市化中广为应用，如喷泉、水环境，都是将灌溉技术引申到环境调节中，但这种技术设计理论在形成中。即使地面灌溉技术也在引进新的科学技术，改进灌溉质量，如波涌灌溉将管道化，控制技术用在地面灌中。保护地发展，工厂化的蔬菜、花卉、果蔬灌溉、无土栽培兴起都将产生新的灌溉技术来适应、满足生产的需要。这些灌溉领域与田间环境不同，生产要求不同，必然要有新的技术来适应。温室灌溉特点不仅要调节水分，还要调节湿度、温度、光照等，有时还要求立体式灌溉，这需要新的技术和理论支持。

2. 灌溉控制理论

在信息时代，各个行业都需要引进新的科技并应用在本行业中，以提高生产效率。灌溉同所有学科一样，紧跟时代发展，将计算机、信息技术、控制技术、3S 技术、智能技术、模拟技术与大系统、优化理念应用在灌溉中，形成了灌溉控制理论。灌溉控制理论研究灌溉系统运行中信息检测、信息采集、信息传输、信息存储、信息分析、信息判断决策，对灌溉系统运行的控制、操作、调节。智能灌溉系统理论要求有智能化的分析判断和优化对策能力，有检测灌溉系统运行状态并判断安全状态自行处理事件能力，不断学习、更新，提高灌溉控制能力。3S 技术是遥感、地理信息系统和全球定位系统技术的简称，是大型灌溉系统灌溉信息化控制管理的技术，对区域性灌溉管理最有效。

3. 灌溉管理理论

灌溉管理对灌溉效果是最重要环节，我国灌溉工程历经几千年，没有很好的管理体制、管理制度、管理措施、管理法制是无法维持的。灌溉管理学研究灌区管理组织、灌溉用水调度、灌溉信息采集、灌溉工程维护翻修等。灌溉模拟学是灌区自动化管理的模型，根据灌溉试验数据研究灌区内不同作物需水规律，灌溉制度，灌水方法在不同外界环境下的响应方案，为智能管理提供模式。灌溉系统工程学是利用系统优化理论，如何组织调度配水的理论，可使有限水资源优化调度达到灌溉效益最大化。

灌溉管理技术是将灌溉原理和灌溉技术结合运用到农田。有组织、有计划地完成灌溉任务，把理论变为实践，使整个灌溉系统充分发挥效益，获得大面积的高额产量。随着现代科学的发展，控制工程和灌溉模拟运用到管理中，使管理科学增加了新的内容，为灌溉管理提出了新的任务。

二、灌溉理论的形成过程

灌溉理论是在长期的灌溉历史实践中产生和发展的，灌溉理论形成是先有灌溉实践，逐步认识，到有目的研究总结，经历了"生存需要灌溉实践""认识灌溉描述记载""研究灌溉创建理论"三阶段发展过程。中国最早古书《山海经》中有"先除水道，决通沟渎"和"稻米"的记载，最早的水利著作《史记·河渠书》《汉书·沟洫志》《水经注》（公元前 3 世纪到 1 世纪），这几部水利专著中记载了我国的水利工程、河道工程及治理技术要点，是我国宝贵的水利史略，但是由于封建者的长期统治，资本主义在我国产生得很晚，严重地束缚了生产力的发展，也窒息了很多已萌芽了的自然科学。近代我国的灌溉理论就落后于欧洲和美国。所以系统的现代灌溉理论形成和发展则起源于西方。现就灌溉基础理论、技术基础理论和技术应用理论的三方面分述如下。

（一）灌溉基础理论的形成

从有人类是以万到百万年计算，到有农耕文化（数万年）那是如何漫长的历史，可能我们永远也无法考证，而人类有灌溉工程约有 6 500~7 000 年，产生理论萌芽距今约 2 000 年，形成理论距今只有 200~300 年。从 Kilby 发明集成电路改进成普及的电子计算机，出现科学飞速发展只有 50 多年历史。

1. 农田水利学形成

生存需要灌溉实践阶段。在适于人类生活的地区，集中了较多的人口，但大江河有有利一面，也有不利条件，为了生存必须与不利自然灾害斗争，先除洪涝后开发灌溉，是先古人类共同走过的道路，在我国，中华文明与中华灌溉相伴而生，从中国考古中最早灌溉工程出现已有 6 500 年历史，2019 年良渚申遗证实中国文字历史向前推进了一千多年，即历史有 5 000 年，而 1963 年考古在山西朔州峙峪村发现骨刻文字，将中华文字出现向前推进至 3 万多年。中国灌溉工程到有历史记载经历了 3 000 多年，良渚水利工程完整系统距今有 5 300 年。

认识灌溉描述记载阶段：但较完整的水利专著唯推公元 6 世纪 20 年代郦道元《水经注》，它记载了塘堰渠道和灌溉区域。但早在西汉（公元前 33—前 7 年）时有《氾胜之书》，书中说"无流水，曝井水杀其害气以洪之""始种稻欲温，温者缺其胜，令水道相直。夏至后大热，令水道错。"可以看出那时我国已认识水温对水稻生长的影响并提出了提高水温和降低水温的办法。西汉在灌溉制度上也有记载《汉书·倪宽传》"定水令，以广溉田"。到了北魏《魏书·刁雍传》提到"一旬之间则水一遍，水凡四溉，谷得成实"。我国灌溉理论之所以萌芽的早，主要和当时大量大型（几十万亩和百万亩）灌区的出现有关。在大面积的灌溉管理实践中总结出必须定水令，才能保证广溉田。《汉书·召信臣传》道"为民作均水约束，刻石立于田畔，以防分争"。但这些只描述了灌溉历史和简单的灌溉制度，无深刻的总结和理论的升华。这段历史到最早水力学（1743 年）出现经历了 2 000 多年。

研究灌溉创建理论阶段：人类有目的的研究灌溉，寻找灌溉的真谛，始于 19 世纪末期，由于水泥、蒸汽机、水泵等科学技术的发展，工程技术的进步，现代水利工程开始兴起，为了抗御干旱的威胁，大型的灌溉工程出现了。欧美各国大体差不多，同时开始了水利工程勘测设计和研究工作，开设研究机构，建立专门学院。1880 年俄国大旱，1892—1897 年又连续干旱，俄国开始建立土地改良处（负责灌溉排水工作），1894 年派道库恰耶夫教授组织水利和农业考察团，他在对俄罗斯草原地区的考察中提出了农、林、水统一治理的综合规划，并产生了土壤改良的发生学原理。1890 年由他组织了石头草原试验站（沃罗涅什省）及瓦卢伊（莎拉夫省）、土尔克斯坦（塔什干）试验站开始研究灌溉问题。1913 年建立了土壤改良实验室。与此同时，美国南部干旱地区、加利福尼亚州、南爱达华州，灌溉工程兴起，1887 年全国各州也开设农业试验站，如塔拿农业试验场、塔州试验场，进行灌溉研究。1876 年科罗拉多大学设立工程研究中心，1883 年加利福尼亚州大学设立了水利试验室，1918 年衣阿华州成立水利研究所，对灌溉理论问题开始研究工作。日本 1898 年西ヶ原农业试验已做了大量的水稻需水量的研究。德国、法国也开始了研究工作，我国于 1935 年设置中央水利试验处，管理全国水利研究，并先后组设了南京水工试验所、水文研究所、土工试验室；清华大学办北京水工试验所，昆明水工试验室；成都大学办成都水工试验室，灌县水工试验室；西北农学院办武功水工试验室。提出的有关灌溉研究报告有《西北农作物需水量之研究》《黄土田灌溉后水分之分布试验》《四川高地灌溉之研究》。农业部门在江苏、安徽设有水稻灌溉试验站，陕西设有旱灌试验站。20 世纪各国的灌溉试验风起云涌，各国灌溉试验在各大灌区都组成了站网，试验报告数以百计，到了 50 年代则以千计。这些科学研究成果自然酿成了灌溉理论的产生。

在 20 世纪初，美国学者 Brigg 与 Shatz. H L 在 1912—1917 年经典地研究了需水量与气象因素的关系。Hendriokson A H 和 Veiheyer F J 在加利福尼亚州与康纳提克州由 1929—1942 年对桃、李、梨、苹果等果树进行了灌溉制度和需水量的研究。同期还有在加利福尼亚；在亚利桑那盐河分别对棉花灌溉进行了研究，1936 年研究了夏威夷甘蔗的灌溉制度。Mark、Bark 等于 1916—1949 年在加利福尼亚、爱华达、俄勒岗等州对苜蓿草灌溉进行了研究。苏联学者 Woeaep 于 1913 年首次对棉花的灌溉制度进行了试验。日本对水稻需水量研究最早，1898 年已在西ケ原试验场获得资料。德国也在同期开展了对麦类、牧草和果树的灌溉研究。我国张炯、汪胡桢 1935 年对晋、陕地区需水做过调查研究，中山大学农业科学院对广州水稻需水做过调查报告。1934—1935 年，江苏庞山湖、安徽风怀场做过水稻需水量试验并获得初步成果。在世界各地实验基础上一些学者开始总结灌溉实践和试验成果，在美国、西欧和苏联分别出版了系统的灌溉理论书籍，影响较大的有 1914 年 Widptsol J A 在美国出版了《灌溉实践原理》、1907 年 King D H 发表了《灌溉与排水》。1943 年 Lewis M R 著《灌溉原理》；1950 年 Roe H B 著《农田水分调节》，1954 年 Tnorned D W 著"农田灌溉"，Israelsen O W 与 Hansen V E 分别于 1932 年和 1950 年出版了"灌溉原理与实践"，1962 年 Hansen 所著版本全书十八章，介绍了世界各国灌溉发展概况。苏联学者考斯加可夫早在沙俄时代就从事灌溉理论研究工作，他于 1938 年较系统地总结了苏联灌溉实践，出版了名著《土壤改良原理》，同期 1935 年 Kopheb E T 著《地下灌溉》，1949 年 петров E T 著《蔬菜灌溉》，1948 年 поопелов 著《喷灌》。

由上述看出，到 20 世纪 50 年代世界灌溉原理已基本形成（图 1-2）。20 世纪 50 年代世界各国水利研究机构到处设立，几乎每个国家及美国、苏联的几个省、州都设立了研究单位，试验站遍布灌区之中。大批人员经过 10 年到 20 年的研究，至 20 世纪 60 年代到 70 年代灌溉理论著作数以百计出现，其中尤以苏联学者，由于遍布中亚和南欧、北欧地区的科学研究和灌溉试验站，他们动员了与灌溉有关的各个学科人员参加了这一研究，使灌溉理论逐步深入，并分出各个分支，大大地丰富了灌溉科学。现已收集到的关于灌溉原理方面的著作有：1961 年 Аококченокииию. А. Н 著《苏联农业供水与灌溉》；1967 年出版了《苏联供水与灌溉》；1971 年 мушкии. и. г 著《农田水分循环》；1967 年 харченко. с. и 著《灌溉农业水分平衡研究》，чинашов. в. я 等 1970 年著《农作物灌溉技术》；1969 年 шумаков. к. п 著《苏联欧洲部分排水与地上的灌溉》，此外，还有大量研究报告专集。在美国 20 世纪 50 年代以后，对新的灌溉技术研究逐渐增加，喷灌、滴灌工程大量发展，新技术的灌溉理论工作也取得进展，诸如，允许喷灌强度、喷灌均匀度、喷灌损失、喷灌效率、喷灌方式方法、喷灌经济效益等方面都有成果。其中代表著作是美国喷灌协会，20 世纪 60 年代由佩尔主编的《喷灌》，它集中反映了美国及美国学者在世界各地的试验成果。滴灌发展较晚；它出现在 20 世纪 40 年代，首先是在西欧出现。滴灌书刊不多，其中以美国加利福尼亚研究较多。以色列 Goldber G D 等 1976 年著《滴灌》。1975 年 Keller J 与 Karmeli D 在加州出版了《滴灌》及《滴灌设计》。1976

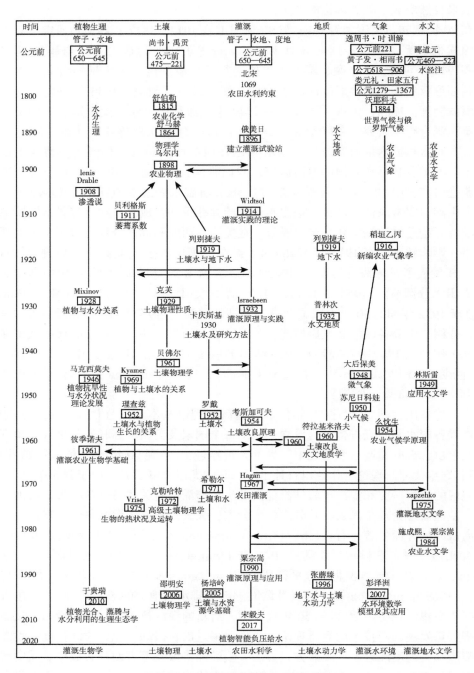

图1-2 世界灌溉理论代表性主要著作发表历程

年 Barrs I O 在荷兰著《滴灌系统设计》。但是滴灌的研究远远没有成为系统，它还在成熟之中，较喷灌比仍是一门新的技术（注：以上资料1980年查阅辽宁省水利水电科学研究所资料室）。

1950 年后，我国的灌溉事业面貌一新，在中国共产党的领导下我国灌溉研究出现了新的气象。1953 年全国成立了灌溉试验网，到 1956 年在全国 24 个省，成立了 164 个试验站。20 世纪 50 年代末期到 60 年代初，全国各省又分别成立了水利科学研究所，而且大部分以设立了农田水利研究室。水利部成立了农田灌溉研究所。由 20 世纪 50 年代中期到 60 年代中期全国灌溉研究出现了高潮，做了大量的灌溉试验。各省都积累了宝贵资料，先后开展了对水稻、玉米、小麦、棉花、谷子、高粱、大豆、油菜、甘蔗、甜菜等多种农作物的灌溉制度，需水量的试验。对地面灌溉的灌水技术、地下水利用量，其中盐碱地灌溉制度、污水灌溉等，也开展了研究工作。这里应重点提出的是武汉水电学院在我国灌溉理论研究中是有影响的，于 1960 年编写了《农田水利学》，许志方教授等多人，于 1963 年出版了《灌溉计划用水》，这两本书较系统的总结了 20 世纪 50 年代我国研究成果。1990 年粟宗嵩等灌溉专家总结了新中国成立后的灌溉研究成果编写出版《灌溉原理与应用》，1984 年施成熙、粟宗嵩出版《农业水文学》，1995 年陈玉民、郭国双等灌溉专家总结 1950—1980 年灌溉试验出版《中国主要作为需水量与灌溉》，2015 年出版《灌溉试验研究方法》，2018 年肖俊夫、宋毅夫等专家出版《中国玉米灌溉与排水》，为我国灌溉理论研究奠定了基础。

2. 植物水分生理学的形成

理论萌发时期：人类对水与人类关系的认识也很早，在中国公元前 7 世纪管仲著《水地》，汉代刘安（公元前 179—122 年）著的《淮南子·原道训》"是故能天运地滞，转轮而无废，水流而不止，与万物终始……夫萍树根于水，木树根于土，……天地之性也。……自然之势也。是故春风至则甘雨降，生育万物"继承了管子的水生万物，草木由水而生思想。比西方水是植物的主体思想早了 1 000 多年。

理论形成时期：人们认识自然规律是不断深化，灌溉科学同其他科学一样在人们掌握了怎样进行灌溉才能获得高产时，并没有满足，同时又在探索为什么灌溉能够增产，灌溉是怎样影响作物生长的，灌溉后作物有什么生理生态的变化，这些变化的规律是什么，怎样控制和影响这些因素，这一项研究稍晚于灌溉原理的研究，这项任务是由植物生理学家同灌溉工作者一起来完成的。由于灌溉在人类生产中的位置越来越重要，靠它可以大大地改变自然生产面貌，满足人类人口增长对粮食需求增加，它也就引起科学家的兴趣。

植物水分生理这门科学在 20 世纪初只是植物生理学的一部分，但由于它对生产的作用越来越大，引起植物生理学者、土壤物理学者的注意，逐渐成为植物生理的重要分支而进行独立研究，并形成了在发展中的学科《灌溉作物生物学》。较早的研究者有：Lewis（1908 年），Drabble（1907 年），Haldne（1918 年），Findlay（1919 年），Schyll（1916 年），Rosa（1921 年），Kramer（1937 年），Bovsvield（1917 年），Beck（1928 年），Miximov（1929 年）这些研究者观察和研究了水分进入植物体的过程，作用力、分别提出了渗透、吸张作用、新陈代谢作用、张力、扩散压差，是水分进入植物体和在体内运动的基本作用力。1944 年发表了《植物抗旱性与水分状况理论的发展》。1948 年 Алексеев 发表了《植物水分状况与干旱的关系》，1961 年以 н. с. пеминов 为首的苏联学者［1966 年（中译本）］出版《灌溉农业生物学基础》论文集。这一阶段出版的主要名著还有英国学者 Maximov N A 1929 年著《植物与水分的关系》。法国学者 Crafts A S 等 1949 年著《水稻水分生理》，美国学者 Kramer P J 1949 年著《植物与土壤水的关系》，苏联学者 Усев Н А 1959 年著《植物水分状况若干规律》，在著名的植物生理学 Рубин Б А 著《植物生理学》（1954）与 Steward F C 1959 年著《植物生理学》中也有植物水分生理学的论述。20 世纪 50 年代以后，植物水分生理学和灌溉生物学的研究发展很快。分子、量子出现以后，人们开始用分子和量子的观点来探讨水分子在植物体进入输导和排出，从定性认识已转到能用近代的量测设备来量测，并通过大量实验，找出其经验公式，用数学方程来表达。同时根吸水、气孔排水同外界条件的关系、内部生理生化状态的研究进一步深化。植物水分生理和灌溉生物学的发展，将促进灌溉原理的发展，一个新兴的模拟控制、智能灌溉系统正在形成中。2005 年中国提出负压给水理论，并于 2017 年在以当代植物分子学为基础，提出植物智能负压给水理论。

（二）灌溉技术基础理论形成

灌溉科学本身就是研究水在田间合理补给的规律。科学中尤其是农业科学中与水有关的学科都将因有"水"这共同的因子而连接起来。水对作物的影响这是灌溉原理所直接要研究的，而水在土壤中的贮存运动，蒸发规律，降水在地表径流、下渗和蒸发的规律；水在近地层同水热的平衡规律，都与灌溉原理有关。经历 3 000 多年的灌溉实践，认识到定量的数据对修建工程灌溉管理的重要，这些问题的解决都将有助于灌溉基础理论的发展。所以研究这些问题的土壤物理学中土壤水分支，水文学中土壤水文学分支，气象学中的灌溉气候分支，灌溉对地下水的影响都成为灌溉技术的技术基础理论。将水输送到田间，水在渠系或管道中的流动，进行定量计算的理论水力学更是灌溉伊始所必需的学问。

1. 水力学的形成

认知阶段：水力学是研究水流特性的科学，在古代治理江河，开渠灌溉都需要了解水流性能的，这时还没有定量的知识，但已有感性的认知，公元前 650—前 645 年《管子·度地》中"夫水之性，以高走下，则疾，至於（水剽）石。而下向高，即留而不行；故高其上领，瓴之尺有十分之三，里满四十九者，水可走也。乃迁其道而远之，以势行之。水之性，行至曲，必留退，满则后推前。地下则平行，地高即控"这里可见，已有按比降设计水道，回水则有雍水，满则后推前即有压力就能流动。这些基本计算可指导灌溉工程。中国西汉刘安（公元前 179—前 121 年）著《淮南子·物原》中记载"燧人氏以匏济水，伏羲氏始乘桴"据此古人行舟距今有 7 000 年，从感知浮力和利用浮力已有数千年。《墨子·墨经》（公元前 388 年）中"荆之大，其沉浅也，说在具。"已有浮力之说，其后阿基米德（公元前 287—前 212 年）提出浮力的计算公式。

萌芽时期：从公元纪元到 19 世纪初，水力学发展以西方最活跃，16—18 世纪是古典水力学形成期，其中牛顿、伯努利父子、欧拉、谢才等贡献较大，古典水力学是侧重用数学方法来描述和计算理想流体方程，遵守牛顿三定律，也称为牛顿流体力学。在编写这一段文字时，作者查询了水利、水力、水文、科学、建筑、造船与航海等史料，但都找不到有关水力学的资料，而我国经济在这一段处于世界领先地位，实体经济发展很快，如需要大量水力学知识的灌溉工程、造船和航海业，都是当时世界一流，但为什么用现代科学去衡量却无一收获，思考这里反映了中西文化发展的模式不同，中国是重实践、重应用、重哲理，缺少推理升华、归纳分析。此时西方恰好处于科学发展的黄金期，西方科学重观察、重试验、重推理，而受国度限制实践少。我国这一阶段利用水力学方面有很大成就，如造船发明的"密水舱""浮力舱"，宋朝的《营造法式》（1068—1077年）中舟船制造，航海时水深测量、流速测量、造船浮力计算等都有方法记载，可惜没能上升理论层面。

理论形成成熟阶段：进入19世纪末到20世纪，人类为增加粮食生产需要，开始修建大量水利工程，跨流域的大型工程，水力计算对工程建设至关重要，作为流体力学分支，已经成为独立学科。英国科学家雷诺（1842—1912年）第一个在水力学模型试验中发现流体有两种状态，即层流和紊流，并提出判断方法-雷诺数，使水力学从古典水力学向现代水力学发展，其后法国工程师普朗特（1875—1953年）和他学生创立了管流水力学。后续出现工程水力学，研究水利工程建设中的水力问题，环境水力学研究与环境相关和溶质水流问题，高速水力学研究高坝产生高速水流问题，微孔水力学研究植物负压给水、微孔渗灌的水流问题。

2. 农业气候学的形成

认知阶段：人类对水文、气象的研究始于农业的需要，我国农业气象的最早成就是二十四节气，最初记载始于公元前11世纪《逸周书·时训解》中将一年分为七十二候，每个节气为三候，每候五天，并与农事活动相连，指导农业生产。汉代刘安（公元前179—122年）著的《淮南子·原道训》"天下之物，莫柔弱于水。然而大不可及，深不可测；修极于无穷，……上天则为雨露，下地则为润泽；万物弗得不生，……，而翱翔忽区之上，遭回川谷之间，而滔腾大荒之野"延续了水循环与水对农业人们生活的重要关系。

萌芽阶段：气象与民生和农业密切相关，在近千年的观察和实践中，有了理性认识，唐1304年黄子发著《相雨书》，收集整理了有关风云、雷电、雨雪、雾霜、日月星等气象气候的知识，有了定性的表述，描述活动规律、预测方法。东汉崔寔（约103—约170年）著《四民月令》，是按月叙述一年例行农事活动的专书，其中记载各月农事栽培、灌溉等活动，以及对气候规律的描述，是指导性很强的书籍。公元132年张衡造风向仪，1424年应用雨量器记录雨量，中国开始用仪器记录气象要素。

理论形成成熟阶段：农业气象作为一个独立学科则是由俄国学者沃耶科夫所奠定，他在1848年《世界气候与俄罗斯气候》一书中，论述了植物对气候的影响。苏联农业气象学一个显著的特点是它紧紧地同自然改造同水利建设连在一起。斯大林改造干旱地区的伟大计划同时促进了水利、气象、土壤、农业等多种学科的发展。同一时代日学者稻塂乙丙（1919年）、大後美保做了很多理论研究出版了《新编农业气候学》。到了20世纪30年代由于农业生产的需要，农业气象学开始了更细的分支。出现了小气候，地方气候及微气候。其中与灌溉理论关系最大的是微气候，微气候是研究二米近地层的气候变化规律。苏联农业水文气象所的高露别娃等首次研究了田间农作物的植物气候，灌溉地的微气候。我国气象学家么枕生1956年出版《农业气象学原理》。应该提及的灌溉理论中水热平衡研究的手段和方法则很多是借助于气象仪器和观测方法。农业气象和微气候学的发展，促进了灌溉水热平衡的研究。

3. 农业水文学的形成

认知阶段：水文学是研究水循环的理论，人类对水的认识出于本能，生存第一要务人离不开水，植物也离不开水，在用水的同时也在观察认识水文特性。约公元前 7 世纪《尔雅·释水》中就对泉、井、川、江、沱、灉、浒等有定性的界定。我国对水循环的认识最早记载于《黄帝内经素问》（约公元前 5 世纪）"地气上为云，天气下为雨；雨出地气，云出天气。"；哲学家庄子（约公元前 369—前 286 年）在《庄子·秋水》篇中"天下之水，莫大于海，万川归之，不知何时止而不盈；……春秋不变，水旱不知。此其过江河之流，不可为量数"；公元前 300 年《吕氏春秋·圜道》书中道"大气西行，云云然，冬夏不辍；水泉东流日夜不休。上不竭，下不满，小为大，重为轻，圜道也"，其意是说我国黄河、长江流域的水分循环无止无休，提出了云、雨、江、海水分循环的理论，认识了水文循环，变化随机的江河水流特性哲理。北魏丽道元著《水经注》记载一千多条河流的水文特征，洪水记录，是世界最经典最早的水文著作，其中记有黄河支流伊河龙门崖壁上的刻记。为治理利用河水，埃及从公元前 3500 年开始观测尼罗河水位，刻水尺于崖壁。

萌芽阶段：16—18 世纪西方在水文学上进步很快，发明了观测仪器，意大利的圣托里奥于 1610 年发明了第一架流速仪，卡斯泰利于 1628 年提出测量流量的方法，1663 年英国雷恩发明了自记雨量计，英国的哈雷于 1687 年创制成蒸发器。1762 年，意大利的弗里西发表的《河流水文测验方法》总结了当代河流水文测验技术。法国的佩罗在观测塞纳河径流量、降水量之后得出径流量与降水量和降雪量的相关关系，并于 1674 年在《泉水之源》一书成为定量研究水文第一人。我国 18 世纪后，全国测量降雨和雨水入土深度，称为"雨雪分寸"，并 1736 年绘制了降水量等值线图，法国在 1778 年、日本在 1783 年也绘制了降水量等值线图。

理论形成成熟阶段：进入 19 世纪，水力学、水文学发展进入形成期，1802 年英国学者道尔顿在试验基础上提出蒸发与水气压相关的道尔顿定理，达西的渗流理论，加之雨量计、蒸发器、流量仪的发明，构成了水文循环的降雨、产流、入渗、蒸发的循环观测和计算分析的基本理论。在其后的一百多年，世界各国建立水文网站，又有很多的研究者对冰川、湖泊、沼泽等专项进行研究，扩展水文学的领域积累资料。对水文资料的统计分析中引进数学统计方法、概率论理、随机理论、暴雨径流等计算理论丰富了水文学。其后在应用中产生农业水文学、土壤水文学、水文地质学、环境水文学等分支，并将计算机、模拟技术、模型技术、3S 技术应用在水文观测、计算、预报中。

4. 灌溉水文地质学的形成

认知阶段：我国古人对地下水与土壤形成认识很深刻，《管子·地员》中以地下水位为土壤类分类，如"息土……五七三十五尺而至于泉""赤垆……四七二十八尺而至于泉"等，反映了地下水位对土壤属性影响很大。并阐明地下水位对作物影响，如"渎田悉徙，五种无不宜，其立后而手实。……五七三十五尺而至于泉""山之上，命之曰悬泉，其地不干，……凿之二尺，乃至于泉"阐明了地下水位的作用。中国最早的词典《尔雅·释水》（公元前 3 世纪）"泉一见一否为瀸。井一有水一无水为瀱汋。滥泉正出。正出，涌出也。沃泉县出。县出，下出也。氿泉穴出，穴出，仄出也。"可见已对泉水有了准确解释。这些认识基本在公元纪元以前，从有文字记载计算历经 3000 多年的历史。

萌芽阶段：人类对地下水的利用很早，中国的辘轳、井渠、中亚的坎儿井等，但作为专项研究却很晚，而且在古代水文学、水文地质、气象、水力多学科集于一起，没有明确分工。在这段历史中，我国明朝李时珍著《本草纲目·水部·井泉水》（1518—1593 年）中把地下水按水质分醴泉、温汤、盐胆水、阿井泉、地浆、热汤、浆水七种，对地下水质研究和特殊应用很深入，并沿用至今。约 10 世纪伊朗人卡拉季编写《潜水的开发》，是地下水利用最早专著。明朝宋应星在 1654—1638 年间写成了《天工开物·乃粒》，用图文方式介绍了灌溉提取地下水的工具，即桔槔（杠杆原理提水）、翻车、筒车、筒轮、水转翻车、畜力翻车等。

理论形成成熟阶段：水文地质学发展成熟是在进入 19 世纪后，城市建设大量提取地下水促进了地下水研究，达西的渗流理论为地下水运动理论的形成奠定了基础，1863 年法国人裘布依（1804—1866 年）提出了地下水稳定井流公式。1886 年奥地利的福希海默（1852—1933 年）绘制了地下水流网。法国人多布雷则于 1887 年出版了《地下水》一书，1935 年美国人泰斯利用地下水流动与热传导的相似性，得出了地下水非稳定井流方程泰斯公式，推进地下水计算精度。

人们对地下水的起源又深入研究，提出多种成因说：1902 年奥地利的修斯（1831—1914 年）提出初生水学说，认为地下水来源于岩浆冷凝时析出的水，美国的兰、戈登、俄国的安德鲁索夫分别提出了埋藏水（沉积水）的存在，这些水是与沉积物堆积同时存在于岩石孔隙之中的，18 世纪德国水文学家福利盖尔反对入渗说，提出了凝结说，认为水汽冷凝为液态水是地下水，俄国的列别捷夫通过观测与实验，证实了凝结说。1930 年苏联的伊利茵提出了苏联潜水化学分带规律，苏联学者伊格纳托维奇辑出了自流盆地的水化学分带。20 世纪中叶，苏联学者奥弗琴尼科夫建立了水文地质学的一个新分支——水文地球化学。由此可见，大致在 20 世纪中叶，有关地下水赋存、运动、补给、排泄、起源、水化学以及水量评价等方面，已有了一套比较完整的理论与研究方法，水文地质学已经确立为一门成熟的学科了。

5. 土壤水物理学的形成

认识阶段：《管子·水地》中"地者，万物之本原，诸生之根菀也"，《管子·地员》中"九州之土，为九十物。每州有常，而物有次"，并对土壤成因、分类有叙述，并且按地下水影响单独进行分类：渎田……，其中特别将灌溉地土壤列为渎田，已经看到长期灌溉以形成对土壤的影响。

萌芽阶段：土壤水开始是作为土壤物理学中的一部分开始研究的。近代的土壤物理可追溯到 1833 年 Sohvbler 著的《农业化学原理》，他第一次较系统地论述了土壤的干湿度对容量、比重的影响，土壤持水量、土壤吸水吸热的特性等。1864 年德国 Hovaother 著《物理学》，他第一次提出了土壤毛细管的概念。1879 年 Wollny 在他主办的《农业物理学研究》中发表一系列的论文，对降雨后地面径流，土壤水与植物的关系等发表了很多首创的见解。俄国学者 в. вдокуцев（1846—1907 年）研究俄国大地的干旱及防治，著有《俄国草原今昔》一书。美国 Johnson（1877）对土壤水做了一系列试验；King（1888—1897 年）著有《农业物理学》对土壤水与耕作学的观点对后人很有启发。其后英国学者 Briggs（1897—1907 年）第一个提出了持水当量的概念。到了 20 世纪初期、中期，则"土壤物理学"在各国都发展很快，研究也广为深入。

理论形成成熟阶段：土壤水作为一个分支独立被人们研究首创于俄国学者 н. с. коссович，1904 年他发表的《土壤水的特性》第一个较系统的总结了当时有关土壤水分物理性质。其后有 1919 年 А. Ф. Лебедев 出版了《土壤水和地下水》，其中较有名的研究者 Baver L D（1941）著有《土壤物理学》，Snaw B T（1952）主编《土壤物理条件与植物生长》。С. И. Долгов1948 年著有《土壤水分运动与植物有效性的研究》，美国学者 Chilab E C 1950 年发表《土壤水分控制》，1952 年 Richarbs L A 发表《土壤物理条件与植物生长》。1952 年 А. А. Роде 发表了《土壤水》，这些书籍代表了 20 世纪 50 年代以前的有关土壤水分的研究成果。创立了土壤水分基本理论，对土壤水分的存在形式、水量含量的几种作用力、土壤水分与植物的关系做了较深入的研究和论述。20 世纪 50 年代后，土壤物理和土壤水的研究队伍更加扩大，对土壤物理学观测仪器、观测方法的研究加深了，而且取得了很大进展。现代电子技术、自动控制和自动记录技术都应用到土壤物理学和土壤水的研究中。人们开始对土壤中水运动、平衡、温度变化建立了数学模型和应用方程，借助电子计算机对一些特定边界条件得到了数学解。走在前面的主要学者有 Hillel B（1971 年、1977 年），Роде А А（1965 年），в. н. мичдрин……，这一阶段著作也增多了，这些著作的特点都紧密的和灌溉排水理论结合，并且有的就是灌溉排水的基础理论，如 Hillhl 的 *Soil and Water*（1971 年）及苏联学者 судницын1979 年著 *движенние почвенио влаг и водопотревление растений* 都讨论了植物需水的过程和水在土壤中的运动规律。Hillhl 论述了土壤水文学中的新的课题，介绍了非饱和水分的运动规律、水分入渗、土壤蒸发、作物吸水基本概念和数学模型，总结了 20 世纪 70 年代以前美国研究者的主要研究成果。其他学者的著作趋于数量较多不再列举。我国 20 世纪 50 年代后研究土壤水的人也有增加，由于各种因素的干扰试验较少。但老一辈科学家在介绍国外情况以促进国内土壤水分的研究都起到很大作用。值得提出的有：朱祖祥、叶和才、华孟、郭连屏、陈志雄、李玉山、张蔚臻等，近年来，我国科学界对土壤水的研究氛围焕然一新，1977 年中国土壤学会举办的土壤水进修班，1981 年清华大学水利系举办了非饱和水运动基本规律学习班，为我国土壤水的研究开了路，对以后的发展培养了力量。

在土壤水研究中又分出几个分支，如土壤水文学，研究水在土壤层内径流、入渗、蒸发的平衡和变化规律；土壤水动力学，研究土壤湿度运动的力学原理，土壤非饱和水运动规律属于其中一部分；灌溉地水文学，是在灌溉地上的土壤水文学，它研究土壤中的水文学，水文地质学、土壤热状况、土壤湿度和植物耗水等；灌溉地水文地质学，它研究地表—土壤—地下水的水平衡以及灌溉水的化学指标控制方法。由于灌溉科学的急速发展，从事灌溉研究的人，对上述领域中的问题，渴望能很快得到回答。但是，这些科学中的现有知识远远满足不了人们的需要，自然迫使我们自己动手参与这一研究工作。任何基础科学只有当它和应用科学结合非常紧密时，它的发展才能更加迅速。

（三）灌溉技术发展

灌溉工程是人类与自然斗争最伟大持久的工程，它的发展伴随着科学技术的发展而前进，灌溉技术这里只讨论田间的灌溉技术，从三个层面回顾发展历程，灌水技术、灌溉管理技术、工程控制技术。

1. 灌水技术理论的形成与发展

灌水技术可从两方面回顾，一是按取水方法看发展历程，二是按田间配水（灌水）方法看发展历程。

（1）取水方式的发展

原始取水阶段：在我国和古埃及、印度、希腊，几千年前就已应用。最原始的灌溉取水方法是引河水、用桶提河水、井水。这时逐步有原始的水平测量，"准（水准器）、规（画圆规）、矩（直角尺）"是古代使用的测量工具，《汉书·夏本记》上就有记载"左准绳，右规矩，载四时，以开九州，通九道，陂九泽，度九山。令益予众庶稻，可种卑湿"，禹王在九州治水时已经用"准、规、矩"进行测量开渠种稻。对取井水的工具器械古代是用图形来记录，通过我国的历代农书不断地传承给后代。

机械取水阶段：是现代取水理论的史前期，我国出现翻车（水车）：三国时期（公元前475—前221年），用水驱动水转翻车和畜力翻车载于曾氏农书《禾谱》《农器谱》（公元1097年）中，是后来水泵的雏形。使人类靠自然落差取水向扬水发展。制作技术用图示和数学口诀表示，这可从宋朝李诫《营造法式》（1100年）看到。

动力提水阶段：从器械提水（前475年）到蒸气动力提水（1840—1850年）经历了2 000多年，实现这一跨越是由于18—19世纪的几大发明：1769年瓦特制出了蒸汽机；尼古拉·特斯拉（1856—1943年）于1882年后发明了实用的交流发电机，并于1888年发明了交流电动机，沃辛顿（1840—1850年）发明蒸气泵。早在1754年瑞士数学家欧拉就提出了叶轮式水力计算基本方程式，奠定了离心泵设计的理论基础。数学家和发明家带动了世界的工业革命，在其后一百多年里，各国大型灌溉站陆续兴建，泵站设计理论著作、规范各国也相继出版。促进了人类大规模的灌溉工程快速发展，1888年交流电机发明，1900年灌溉面积开始急速上升。

（2）田间配水技术

古老灌水技术理论发展：古代灌溉开始是先治水除害，防洪排涝，人们发现洪水过后土地留下淤泥土壤肥沃，开始认识到淤灌，古埃及、两河流域、印度河流域与我国黄河流域都是有利用洪水发展淤灌，逐步发展地面灌，将土地修建井田，灌溉水稻、旱田。到西汉《氾胜之书》中提倡区田（畦田），由原始沟灌到畦灌经历了3 000多年。但真正形成灌水理论，那是19世纪后，1880—1950年，在这70多年间，世界先进与发展中国家先后建立了灌溉试验站、国家级灌溉研究院所。对灌水技术理论进行了专业专题研究。但由于灌水技术内容较单一，专项理论著述不多，一般含在灌溉原理中的部分章节中。

现代节水灌水技术理论：虽然人们几个世纪对地面灌溉进行了若干的努力，发展了沟灌、细流沟灌、畦灌、波涌灌等方式，但总是不满足其灌水质量、灌水有效利用、均匀度、对土壤物理性的变化等方面的不足。20 世纪 30 年代，人们开始采用了喷洒的方法进行灌溉，喷灌的出现和大面积的推广只有在高度机械化的条件下才能实施，它需要大量的财物，使灌溉进入了一个新的时代，人们模拟了自然降雨的形式。在这短短的七十年的历史上，喷灌又经两次大的变革，1952 年美国发明中心支轴式喷灌机，二是1977 年发明了大型平移式喷灌机。这种高度自动化的设备，大大地解决了人力，提高了喷洒的质量。喷灌虽然较地面灌省水，但喷洒时在空中蒸发损失仍很大。人们为提高水的有效利用过程中于 1949 年前后出现了滴灌，首先出现在西欧，滴灌是局部灌溉，减少了无效部分的土壤蒸发，将有效水利用系数较地面灌提高了一倍多。地下渗灌最早出现在我国西汉时期，管道式渗灌需要将管道埋入地下，辐射面积小，管网密集工程量大，而且管中水分向上运动缓慢，埋深受到限制，渗灌在世界各地都没能普及，但在保护地的灌溉中则往往大量采用。由于世界水资源的问题，各国对节约用水扩大灌溉面积越来越重视，喷、滴灌近年发展十分迅速。

新灌水技术催生了灌溉设备产业、设计、生产、使用、管理一套的理论，各主要发展国都有理论著作，我国经历 30 多年的研究发展于近年相继出版了一批著作，2007 年张志新编《滴灌工程规划设计原理与应用》，2004 年周世峰主编《喷灌工程学》，2008年黄修桥编《喷灌技术研究与实践》等，我国关于节水灌溉各种方法也出台了设计规范，使灌溉发展有了规范化。

2. 灌溉管理理论发展

灌溉管理随着大量的灌区兴建管理科学是一个大问题，灌溉管理中的课题很多。古代灌溉工程能维持几千年，管理是大学问。

（1）古代灌溉管理　有文字记载我国就有灌溉管理体制，公元前《周礼》记载国家设六官：天官冢宰、地官司徒、春官宗伯、夏官司马、秋官司寇、冬官考工记，管理全国。其中管水的有两官：一是地官，下设稻人，"稻人掌稼下地，以潴畜水，以防止水，以沟荡水，以遂均水"；二是冬官，下设匠人，"匠人为沟洫……"，可见有史以来灌溉修建与管理是分开的，匠人管理修建灌溉工程，稻人管灌溉。都江堰建立就在江中著有石人，观测取水渠首水位，蜀汉诸葛亮北征（公元 228 年）征集兵丁 1200 人加以守护，设专职堰官管理维护，我国灌溉管理延续古代的经验，很重视灌区建设，对水权、工程维护、维修、改建，对灌溉输配水、灌溉制度逐渐形成章法，由于这些章法才能使古老灌溉工程历经数千年还闪烁灿烂光芒。

（2）灌溉管理学的形成　灌溉管理形成全国体系和完整法律，是在唐宋开始，唐时有《水部式》（737 年），管理组织在全国建立，地方根据中央水法建立地方行政规章《用水细则》，宋朝有《农田水利约束》（1069 年）晚于《水部式》200 多年，其特点是用制度鼓励兴建灌溉工程。管理的好坏不单是管好工程、管好灌水，最大的威胁是次生盐碱化问题，世界由古至今失败的教训是非常沉痛的：在古代的查尔迪亚（底格里斯河支流），将近有一千万英亩（1 英亩≈0.00404 平方千米）肥沃灌溉土地，由于排水不好，现今已成为碱滩和盐滩，1902 年美国垦务局第一个灌溉工程建后不久地下水上升。据联合国粮农组织的估计，由于侵蚀、盐碱化和渍水有 50% 的灌溉土地被损害。我国灌区盐碱化的问题也有发生，但我国由周延续的管理体制逐步完善，建立了管理机构、防洪、排水、灌溉等水法，没有产生大面积盐碱化，大部分灌区沿用至今。进入 20 世纪灌溉管理又出现新的问题：节水和灌溉水环境问题，由于人口的增长造成粮食需求增大，水资源紧缺，灌溉管理中节约用水扩大灌溉面积是一大课题。此外灌溉水质污染对环境的影响是 21 世纪灌溉管理中的新课题，这些问题引起各国灌溉管理的注意，增加检测手段，研究防治措施，引进新管理理念、新科技技术。

　　现代灌溉管理理论形成始于 19 世纪，灌溉试验研究在大型灌区建立，对灌溉科学进行观测试验，在灌溉理论形成中与灌溉管理同步发展。现代灌溉管理学与古代灌溉管理的区别在于定量管理的精准、管理的深化、延伸。总结近百年的世界灌溉管理经验教训，灌溉管理学已有著述。1952 年萨洛夫著《灌溉渠系管理学》总结了苏联的地区的管理经验，1959 年西安交通大学水利系编《灌溉管理》，1996 年水利部农水司编《灌溉管理手册》，是中国总结了中国的灌溉管理，1999 年美国 Darra B L 和 Raghuvanshi C S 著《灌溉管理学》。各国的管理都是从本国的实际出发，观测研究内容侧重不同，美国以资源为特点，中国则以工程为特点，实际两者都是重要的。

　　3. 灌溉控制理论

　　灌溉控制理念从人类利用水进行灌溉就已产生，控制河水保护耕地，蓄积河水用于灌溉，但由认识到实现自动化控制，人类走了 3 000 多年，这是一个漫长的过程。

　　(1) 控制论认知阶段　古人对水早认识到它的两面性，《管子》说 "水，一害也。旱，一害也，……水者，地之血气，如筋脉之通流者也。故曰水具材也"，对水必须控制使用，这从《周礼》中 "稻人掌稼下地，以潴畜水，以防止水，以沟荡水，以遂均水，以列舍水，以浍写水"，稻人职责明确要管蓄、输、灌、排水所有事物。在唐朝地方用水规则《敦煌县各河渠行用水细则》中载 "殷安渠、平渠、坞角渠，右件次渠承宋渠八渠后，依次收用。如水多受，即放宜秋几口西支渠。东园浮图渠、西园浮图渠，右件渠次承宜秋大河母下尾收用。如水多即放后件渠……" 从这段灌水次序规定中看出，既是一段控制程序，但这些控制是要人来完成。用今天的观点分析，稻人控制的是大系统，细则控制的是小系统。我国用小孔控制水流制成水漏以计时，1634 年《天工开物》中用齿轮变速推动水磨，这些都是用控制理念制成产物，但控制理论产生在蒸汽机与电信出现以后。

　　(2) 古典控制论产生阶段　有了动力人的控制思想才能实现，蒸汽机出现（1769 年）后从 1868 年 James Clerk Maxwell 的《论调节器》到 1892 年 Lyapunov A M 的《控制理论》完成了控制论中稳定问题的研究。1948 年，美国 Wiener 在《控制论——关于在动物和机器中控制和通信的科学》中系统地论述了控制理论的一般原理和方法，1948 年香农（Claude Elwood Shannon，1916 年生）著《通讯的数学理论》这些论著奠定了古典控制论。同期灌溉工程中先进国家实现了自动化发展，集中表现在泵站的控制、喷灌系统控制。在美国 1930 年出现按定时器编程的自动喷灌系统，1946—1980 年在全国大面积发展自动控制灌溉。古典控制论的特点是单变量、线性控制。

　　(3) 现代控制论发展成熟阶段　20 世纪 50 年代后，我国科学家钱学森 1954 年著《工程控制论》在美国出版，1965 年美国数学家 Bellman R 提出了优化控制的动态规划方法，1958 年 Kalman R E 提出系统分析的 Kalman 滤波理论，1961 年苏联科学家庞特里亚金提出极大值优化原理，现代控制论、动态规划方法、极大值原理构成了现代控制理论。其特点可以解决多变量、变时段、线性与非线性、连续与离散问题，可解决大规模系统、模糊系统、机械系统以及不确定系统等。现代控制论在工程上使系统由自动化走向信息化，又逐步走向智能化控制，智能控制包括学习控制、循环控制、故障诊断及容错控制、机器人班组自组织协调控制等。这一阶段反映在灌溉控制工程中，灌区管网系统控制、泵站群体网络控制、灌溉配水系统优化控制、大区域土壤水分检测、灌溉系统预测预报等。这阶段我国研究与发达国家起步相差不多，时代给了中国灌溉科学家们赶超的机会，抓住机会努力开创中国的灌溉辉煌新时代。

第三节　世界灌溉理论发展趋势

人类走进 21 世纪已有近 20 年，1993 年 1 月 18 日，第四十七届联合国大会作出决议，确定每年的 3 月 22 日为"世界水日"，水成为约束人类发展的最重要因素，在水资源消费中灌溉是最大用户，灌溉用水占总用水量 70% 左右，而人口增加引起粮食需求的增长，估计到 2030 年，全球粮食需求预计将比现在提高 55%，世界城市化在加速，生活用水也在增加，有限的水资源如何分配，才能满足人类需要？这可能是给世界灌溉科学家出的第一道难题。如何降低灌溉用水，或增加灌溉水源，这个世纪人类需要给出答案。

世界各国关心水资源及灌溉事业的科学家、领导者都在积极研究和参与实践，为比较各国研究状态，对各国灌溉信息进行了查询，从各国灌溉信息中看出，并能比较出 21 世纪在灌溉研究中的成绩（表 1-2）。

表 1-2　2010 年 7 月 28 日灌溉信息搜索

国家/搜索引擎/文字/收索词	含"灌溉"信息量（万条）	人口（亿人）	人均（条/百人）
中国［百度］"汉字：灌溉"	4 300	13	3.31
美国［Google］"英文：Irrigation"	2 650	3.22	8.23
以色列［Google］"希伯来文：השקיה	578	0.07	82.57
法国［lycos］"法文：Irrigation"	532	0.72	7.39
日本［goo］"日文：かんがい"	434	1.25	3.47
埃及［Google］"阿拉伯文：ري"	375	0.42	8.93
德国［Google］"德文：Bewässerung"	236	0.98	2.41
俄罗斯［mail］"俄文：Орошение"	104	1.7	0.61
印度［rediff］"印地文：सिंचाई"	72	11.6	0.06
西班牙［apali］"西班牙文：Riego"	65	3.3	0.20

按灌溉信息总量看，我国关注量最大。其次是美国，美国也涵盖了英语系的信息

总量。

但按百人占有灌溉信息，以色列、埃及、美国、法国等较多。这些信息对我们学习国外经验有参考价值。

一、灌溉基础理论

灌溉基础理论是指导灌溉实践的基本理论，没有理论指导的实践会走弯路或导致失败，这一哲学结论已为人们接受，而理论又是人类实践的基础上总结归纳获得的。

（一）灌溉原理研究

从人类生存、地球资源利用两个角度看灌溉都是人类发展最重要的事业，如何满足人类生存对粮食生产的需要，应该是头等的大事。几千年的粮食生产增长证明了不可颠覆的真理，解决洪涝和灌溉问题是第一件大事，尤其是干旱对粮食生产威胁最大。扩大灌溉面积是发展中国家未来的必然趋势，扩大灌溉面积有两条途径是这个百年不可偏废的方向，一是扩大可控制利用的水量，二是提高灌溉水的利用效率。第一项任务是工程建设，第二项是灌溉研究的任务。灌溉发展不平衡，已有灌溉区和新发展灌溉区研究重点各有侧重。

1. 原有灌溉区研究重点

一是 21 世纪要加快世界城市化，城市与工业发展给水源带来负面影响，在世界各地全面出现问题；二是原有灌溉区的水资源超量利用，平衡被打破，灌溉可持续性摆在各国家地区领导和科学家面前；三是如何提高水资源利用效率。从各国信息看，上述三问题是主要研究重点。

灌溉可持续发展研究：灌溉不是十年百年的事，而是千秋万代的事，对已有灌溉区是头等大事，灌溉面积比例提高后，此事越发重要，世界粮农组织和美国学者近年有很多著述，侧重于水量平衡，生态平衡的著作有 2006 年 Giulio Lorenzini 和 Brebbia C A 著的《可持续灌溉管理》（*Sustainable irrigation management*）；2006 年 Kevin Parris 等著的《水与农业：可持续发展》（*Water and agriculture：sustainability，markets and policies*）书中介绍澳大利亚灌溉改革、西班牙现代化计划、亚洲水污染处理等经验和检测方法；2008 年 Makoto Taniguchi 等著《从河流到海洋：流域水文变化与管理》（*From headwaters to the ocean：hydrological changes and watershed managemen*）。研究了灌溉区在维持生态平衡下的灌溉可持续发展问题。

提高灌水利用效率：水的利用率有多条路径，从灌溉方法选择上，从植物需水特性的培育上，从用水优化调度上，从作物栽培措施上都具有节水潜力。亏水灌溉实质是一种在干旱缺水条件下的无奈节水措施，是研究一种优化调配水资源的方案，2002 年粮食和农业组织编著《亏灌溉方法》（*Deficit irrigation practices*），总结亏灌的技术特点，调度优化灌溉水利用效率。在灌溉节水方面，2007 年 Charles Bur 和 Stuart W Styles 著《滴灌和微灌设计与管理》（*Drip and micro irrigation design and management*）。

2. 新开灌溉区

做好灌溉规划，其最新著作有 2007 年 Adrian Laycoc 等著《灌溉系统设计规划》（*Irrigation systems：design，planning and construction*）；2007 年 Arthur Powell Davis 著

《灌溉工程》（*Irrigation engineering*）；2010 年 Franklin Hiram King 著《灌溉与排水》（*Irrigation and drainage*）；2004 年 Lambert K 等著《现代土地排水》（*Modern land drainage*）；2008 年 Powers W L 著《土地与排水》（*Land drainage*），灌溉排水工程措施，几千年几乎没有什么新的方法，但科技的进步，电力、通信、卫星、计算机、生物学、系统工程学、材料学、机械加工等引进灌溉工程，就使其出现新的面貌。新灌溉排水设计融合了现代科技技术。在灌溉排水系统规划设计中介绍了新的排水系统的设计、维护、观测，防止盐碱化方法等。

（二）植物水分生理研究

植物水分生理学由于观测手段的进步，在微观研究上有很多突破，其中水分在细胞中的运动特性，发现水道蛋白专管沟通细胞间水分子流动，2009 年 Eric Beitz，Peter Agre 著《水道蛋白试验药理手册》（*Aquaporins handbook of experimental pharmacology*）；2009 Park S. Nobel 著《植物环境生理生化学》（*Physicochemical and environmental plant physiology*）；2007 年 Francisco I Pugnaire 和 Fernando Valladares 著《功能植物生态学》（*Functional plant ecology*）；2009 年 Ashraf 等著《植物对盐、水的胁迫性效率》（*Salinity and water stress improving crop efficiency*），这些著作总结了近年的研究成果，其中介绍了植物水分生理和结构，细胞内生化反应与植物对水盐的抗逆性，推进了培育抗旱性作物、灌溉生理的深入研究。

（三）作物灌溉与需水规律研究

1. 作物灌溉

研究除深化一般作物灌溉外，由于水资源的短缺，研究亏灌成为一种趋势，以及向园艺、果园、温室、特殊水质灌溉方向发展。如美国 2008 年 Hossain Ali 著《小麦亏灌》（*Deficit irrigation for wheat cultivation under limited water supply condition*）；2010 年 Henry Stewart 著《果园与花园灌溉》（*Irrigation for the farm，garden，and orchard*）；2008 年 Michael Raviv 和 Johann Heinrich Lieth 著《无土栽培与实践》（*Soilless culture：theory and practice*）；2008 年 Edward J. Wickson 著《加州水果灌溉发展》（*The California fruits and how to grow them-a manual of methods which have yielded greatest success*）；2004 年 Mostafa M A 著《利用海水灌溉小麦》（*Use of sea water for wheat irrigation*）；2008 年 Samuel Fortier 著《灌溉用水》（*Use of water in irrigation*），介绍波涌灌、湿润灌、喷灌、滴灌及水稻、棉花、甘蔗、葡萄等作物灌溉方法。

2. 需水规律研究及蒸渗仪

植物需水规律研究是一项长期的任务，美国对作物需水量（Crop water requirement）研究很重视，2010 年 8 月 6 日搜索需水量信息时美国是 240 万条，中国是 68 万条，研究向预测方法和计算模型制定方向发展，2008 年 Ali Fares 发表的"作物需水量预测软件"（Water Management Software to Estimate Crop Irrigation Requirements）。软件通过水文、土壤、地理信息数据可预测各种作物在不同灌水方法下的需水量和区域用水。

二、灌溉技术基础理论研究

灌溉技术基础理论是建立在相关学科上，现代技术发展提供了更完善的科技手段，观测仪器，计算方法的自动化信息化（遥测、地理信息、卫星定位）智能化（仿真模拟技术）微观化（纳米技术）极大地促进了各类学科的发展速度，为灌溉科学的发展打下坚实基础。

（一）土壤水运动研究

1. 土壤水与植物

水是连接土壤和植物的介质，但水是如何承担输送任务是灌溉研究人员最关心的课题，土壤学家也将视为重要课题。2004 年 Kirkham M B 著《土壤与植物水关系》（*Principles of soil and plant water relations*），书中以土壤、植物、水和大气连接起来，以生物学和物理测试工具显示了水在土壤—植物—大气连续体中状态和移动的规律。对于土壤非饱和水研究，21 世纪利用计算机模拟土壤水运动是关心这一领域科学的共同特点，从水文地质学、土壤学、水力学等都在构筑自己学科的模型，以应用在研究与工程中。2004 年 Feddes R A 和 de Rooij G H 等著《非饱和带模型：发展、挑战与应用》（*Unsaturated-zone modeling：progress，challenges and applications*），研究了大气、土壤水、植物等相依关系和数学模型，编制软件以模拟变化规律。农业方面，2007 年 Kersebaum K Ch 等著《农作土壤系统的水和营养动力学》（*Modelling water and nutrient dynamics in soil-crop systems*），描述农田土壤—作物—大气农业生态系统模型，模拟了由蒸发启动的水分和养分在土壤中动态变化。土壤学方面，2003 年 Arthur W. Warrick 著《土壤水分动态》（*Soil water dynamics*）从数学角度论述土壤水和污染物流中变饱和与饱和土解析和数值平衡方法。

2. 土壤水溶质运动研究

随着水环境对生态的影响引起人们重视，研究水土污染成为关注课题，溶质在土壤中运动规律也是近年的热门，2005 年 Javier Álvarez-Benedí 等著《土壤水溶质特性》（*Soil-water-solute process characterization*），研究量化土壤—水—溶质过程时空运移观测方法、构造模型、计算方法等。

（二）灌溉水环境研究

大区域的灌溉和城市环境的交融，已经造成环境的改变，如何评价新形势下的水环境已经引起相关学科的关注，也是灌溉开发后续研究对象。国外已有部分研究成果，S Alipaz-Water Resources Management，2007 发表"基于流域水文、环境、生活和策略的综合指标：流域可持续发展指标"（Indicator based on basin hydrology，environment，life，and policy：the watershed sustainability index）一文，探讨评价流域可持续发展的指标和方法；2010 年淡水生物上 Leroy Poff 和 Brian D. Richter 等发表"水文学改变生态学极限（ELOHA）：开发的地方环境框架标准"［Ecological limits of hydrologic alteration (ELOHA)：a new framework for developing regional environmental flow standards］，探讨构筑了一条河流的水文极限的生物学框架；2007 年 Wagener T 和 Kollat J 在 Environmental Modelling & Software 发表《用蒙特卡罗分析工具箱中的水文与环境模型的数值与视觉评价》（Numerical and visual evaluation of hydrological and environmental models using the Monte Carlo analysis toolbox）；2008 年 Lynn E. Johnson 著《水资源工程中信息系统》

（*Geographic information systems in water resources engineering*），上述论文和著作，用自然与社会、资源与开发、系统、环境、模型、模拟、计算机计算等理念、理论、工具手段对人类灌溉活动对水环境的影响进行探讨。

（三）水力学研究

从灌溉角度看水力学研究，新的研究向微观、多孔介质、微孔动力、多相流的方向发展，近年发表著作很多，2009 年 Allen Gerhard Hunt 和 Robert Ewing 著《绕渗理论在多孔介质中的流动》（*Percolation theory for flow in porous media lecture notes in physics*）；2005 年 S. Majid Hassanizadeh 和 Diganta Bhusan Das 著《多孔介质中的多相流》（*Upscaling multiphase flow in porous media：from pore to core and beyond*）；2005 年 Mickaële Le Ravalec-Dupin 和 Mickaële Le Ravalec 著《多孔介质流动的随机模型》（*Inverse stochastic modeling of flow in porous media：applications to reservoir characterization Inverse stochastic modeling of flow in porous media*）；2005 年 Derek B. Ingham 和 Ioan I. Pop 著《多孔介质中的传输》（*Transport phenomena in porous media*）；2006 年 Donald A. Nield 和 Adrian Bejan 著《多孔中的对流》（*Convection in porous media*）；2006 年 Zhangxin Chen、Guanren Huan 和 Yuanle Ma 著《多相流的多孔介质计算科学和工程计算方法》（*Computational methods for multiphase flows in porous media computational science and engineering*），反映了近年在多孔介质中渗流、绕流、多相流、对流、热流、化学驱动等方面的研究成果。

三、灌溉技术研究

灌溉技术基础的发展，电子产业、微型机械、塑料材质等学科和制造业发展推动了灌溉技术的前进，灌溉技术正从古老的技术向崭新的现代化、科学化发展，未来的灌溉技术是一种信息化、智能化、精准化、可持续发展模式。

（一）灌水技术研究

有关灌水技术的基本研究已经很少，除教学需要的书籍，专著类不多，如 2007 年 Clément Mathieu 等著《喷灌灌溉技术基础》［*Bases techniques de l'irrigation par aspersion*（法）］就是用于培训的教材。在美国搜索灌水技术的出版物不多，2007 年 Freddie R. Lamm 等著《作物微灌》（*Microirrigation for crop production：design，operation，and management*）；2007 年 Charles Burt 和 Stuart W. Styles 著《滴灌和微灌设计与管理》（*Drip and micro irrigation design and management：for trees，vines，and field crops*）；2010 Sajid Mahmood 著《地面与地下滴灌》（*Surface and subsurface drip irrigation*）；2010 年 Sajid Mahmood 著《Azeemi-波涌灌溉模型研究》（*Azeemi - surge irrigation advance rate performance model*）；2009 年 Sajid Mahmoo 著《波涌灌溉评价模型》（*Surge irrigation field performance evaluation model*），这五本著作，前三本是介绍微灌技术的，从田间设计、灌溉观测到灌溉效率研究，后两本是研究波涌灌溉模型技术。

（二）灌溉管理研究

灌溉管理是生产中最重要的环节，研究成果较多，其方向向灌溉现代化发展。2007 年 Daniel Renault 等世界粮农组织著《灌溉管理现代化》（*Modernizing irrigation manage-*

ment）；2009 年 Burton M 著《灌溉管理》（*Irrigation management*）；2006 年 Giulio Lorenzini 和 Brebbia C A 著《可持续灌溉管理》（*Sustainable irrigation management*）；2004 年 Majumdar D K 著《灌溉用水管理》（*Irrigation water management*）；2008 年 Anandaraja N 著《从试验到灌区》（*Extension of technologies：from labs to farms*）；2009 年 Frederick Haynes Newell 著《灌溉管理：操作、维护、改善回归利用》（*Irrigation management：the operation，maintenance and betterment of works for bringing water to agriculture*）；2008 年 Julie Newman 著《温室和苗圃管理》（*Greenhouse and nursery management*）。类似灌溉管理原理与实践方法的著作很多，说明灌溉管理已被充分重视。

（三）灌溉控制系统研究

灌溉管理向现代化方向发展，重要标志是提高对灌溉系统的控制能力，现在研究方向是将近百年的研究成果进行整理分析概括、系统化、模块化、模型化、数字化、软件化，为管理的自动化、信息化、智能化服务。

1. 灌溉模型研究

灌溉控制要采用计算机，而计算机控制需要程序，程序制定首先要将控制对象制作成计算机能识别的模型。灌溉控制将控制对象划分为服务对象（灌溉区域—灌溉作物—需水规律—灌溉质量……），服务供水系统（水源、水量动态保证、水质动态……），输水系统（工程监测、流量控制、分配系统、分配方案……），外界影响（社会影响、自然条件变化、突发事件……）将各部分构成统一系统，制作可操作的数字模型。20 世纪末模型制作已经进入实用阶段，相关数学模型的建立方法：2007 年 Karl Kunisch 和 Günter Leugering 著《耦合偏微分方程的控制》（*Control of coupled partial differential equations*）；2009 年 Kai Velten 著《数学建模与仿真》（*Mathematical modeling and simulation：introduction for scientists and engineers*）；2005 年 Sabine Mondié 著《系统、结构和控制 2004》（*System，structure and control 2004*）。作物需水机制模型：2008 年 Ahuja L R 和 Reddy V R 等著《作物对干旱的响应》（*Response of crops to limited water：understanding and modeling water stress effects on plant growth processes*）。输水方面模型：2006 年 Peter-Jules van Overloop 著《输水系统控制模型》（*Model predictive control on open water systems*）；2009 年 Xavier Litrico 和 Vincent Fromion 著《水系控制与建模》（*Modeling and control of hydrosystems*）。土壤控制模型：2004 年 Feddes R A 等著《非饱和带模型》（*Unsaturated-zone modeling：Progress，challenges and applications wageningen UR frontis series*）。

2. 智能灌溉控制系统

灌溉自动化在发达国家已普及实现，从小型灌溉控制器的广告上，在同一网页上能有 200 多种自动控制器，其中有温室、家庭、果园、草坪不同类型，大型灌溉设备自身带控制系统。研究向智能控制发展，处于研究开发阶段，论文较多专业著作很少。如 2009 年 Jason Isenberg 发表《智能灌溉设施》（*Anatomy of intelligent irrigation installation*）；2009 年第 18 届世界 IMACS/MODSIM 会议（Cairns，Australia Dassanayake，D.1）发表《澳大利亚智能灌溉节水乳业》（*Water saving through smarter irrigation in Australian dairy farming*）；2008 年 Michael T. Maliappis 和 Ferentinos K P 在 *World Journal of*

Agricultural Sciences 发表"基于网络的温室智能管理系统"（A Web-based greenhouse intelligent management system）；F. Vita Serman 等发表"橄榄园的智能灌溉控制：水资源优化的新方法"［*Intelligent irrigation control in olive groves（Olea europaea* L. ）：*a novel approach for water resource optimization*］。

第四节　中国植物智能给水理论

一、中国古代植物给水体系思想

1. 水地根度说

春秋时期管仲（公元前 716—前 645 年）在所著的《管子·水地》中"地者，万物之本原，诸生之根菀也，美恶、贤不肖、愚俊之所生也。水者，地之血气，如筋脉之通流者也。故曰：水，具材也。"虽然地是万物之本源，但水是地之血气，是生命之源，后说水"集于草木，根得其度，华得其数，实得其量，乌鲁得之，形体肥大，羽毛丰茂，文理明著。万物莫不尽其几、反其常者，水之内度适也"，植物通过根系获得它适度的水分，而植物获得水分要适合它的需要。管仲不但是政治家、军事家，也是伟大的哲学家，在天文、地理、土壤、生理、植物等诸多方面有独到见解，其这里的根度说，阐述了植物对水分的需求是有适度的理念，而需要多少是植物自己最了解，这一观点早于俄国植物生理学家季米里亚捷夫写下"只有植物本身才能最正确、最可靠地回答在某种土壤湿度下的水分供应情况"（季米里亚捷夫生于 1843 年），两位学者认知差了 2 500 多年。

2. 瓮水小渠遥润田说

氾胜之在汉成帝（公元前 32—前 7 年）时为议郎在所著《氾胜之书》中提倡区田，每亩 15 区"汤有旱灾，伊尹作为区田，教民粪种，负水浇稼……区种，天旱常溉之，一百常收百斛"，相当于现在畦田，灌溉产量高。发明地下灌溉法主要用于种瓜"以三斗瓦瓮埋著科中央，令瓮口上与地平。盛水瓮中，令满。种瓜瓮四面各一子。以瓦盖瓮口。水或减，辄增，常令水满"。还提出湿润灌溉种瓠"区种瓠法，……先掘地作坑，方圆、深各三尺。用蚕沙与土相和，令中半，著坑中，足摄令坚。以水沃之。候水尽，即下瓠子十颗；复以前粪覆之。……取第四、五、六子，留三子即足。旱时须浇之，坑畔周匝小渠子，深四五寸，以水停之，令其遥润，不得坑中下水。"在两千年前提出湿润给水理念，所谓给水与灌溉不同之处，在于水放在作物附近，以湿润土壤，植物以土壤非饱和状态，植物主动吸收土壤水分。氾氏提出的瓦瓮溉水和坑畔周匝小渠子向作物供水，已经不同于灌溉的理念，已接近给水理念。

3. 遥润与负压给水的区别

古代的遥润理念是不让将水流从地面直接灌到植物根系，是将水送到离作物有一定距离的盛水器中，如瓦瓮中，瓦瓮有透水能力，然后逐渐向土壤渗透，但渗透是在水流有压状态下向土壤流动，这种状态可总结为三个特性：一是给水状态，二是有压状态，三是连续给水。但是负压给水理念不同于遥润，主要是水压问题，负压给水是给水器内处于负压状态，不是有压状态。两者相同点是具有连续给水特性，不是灌溉特性。灌溉最大的特性是间断性、有压性地向作物供水。

二、中国负压给水理论的提出

1. 负压给水与灌溉两概念的本质区别

植物负压给水系统是利用植物水分生理特性，利用土壤张力特性，实现植物对水分连续自动获取，改变间歇灌溉概念，变"灌"为"给"，变"断续"为"连续"，变人给的"被动"为植物获取的"主动"。植物负压给水系统是利用土壤张力将管道中水吸取到负压给水头中，然后再吸取到土壤中，代替现有灌溉中"喷灌、滴灌、渗灌、地面灌"有压灌溉，称为负压代替有压，达到"节能"；以负压给水下土壤的非饱和运动，替代现有灌溉土壤的重力水运动，减少土壤渗漏和蒸发损失，达到"节水"；以植物连续主动从管道中需要多少吸取多少的需给平衡，代替现有间歇式灌溉造成的忽多忽少状态，达到"精准"，最终得到"高效"。植物负压给水系统与灌溉系统不同之处，可以总结为"三变三替一高效"。

2. 负压给水的实践

自2004年负压给水理念提出后，经历了五个阶段性试验。一是实验室室内试验，制作负压给水器，研制出两种材质的（水泥、陶瓷）微孔给水头，并边试制边测试；二是大棚栽培试验，对黄瓜、花卉进行负压给水试验；三是负压微孔塑料给水管试制，研究微孔挤出机，及微孔发泡塑料管研究；四是实验室微孔负压管水力性能测试；五是农田负压给水试验。

三、植物智能给水理论

1. 植物智能给水理论的依据

植物是否有智能，近代虽有争论，但已经达到共识，植物虽然是不能移动的生物，没有大脑，但它是靠细胞信息传递而实现对外界的反应，并能采取适当的措施来应对外界的变化和刺激，其中有几种对不同刺激有明显反应的物种。例如，已发现的食虫草生长在美洲和亚洲热带，食虫草的叶片上有个捕虫器，捕虫器由两片贝壳状带刺叶瓣组成，叶瓣内有捕虫囊，囊内有蜜腺能分泌蜜汁引诱昆虫，昆虫进入捕虫囊后，囊内有触毛，昆虫触动触毛，两侧的捕虫器叶片合拢，捕虫囊下半部的内侧有很多消化腺，这些腺体泌出稍带黏性的消化液能将昆虫体液吸收。例如，向日葵，在顶端幼茎分布较多生长素，生长素怕光，总躲在背光处，生长素长得快，造成向日葵总向阳光一侧倾斜。例如，含羞草，浑身散生刺毛，通常每个叶柄上长着4个羽状复叶，每个羽状复叶上又由许多对生的小叶组成，受到外界触动时，叶会下垂并都会折叠起来。可见，植物是有智能的生物。

2. 植物智能给水技术体系

中国最先发明负压给水技术，2005年由北京市科委主持鉴定了这一科研成果，并于同年申请了"植物负压给水系统"发明专利。这一技术是从有压喷灌研究中探索出的适合中国双节（节水节能）作物给水的道路，自2000年以来，我国在降低灌溉耗能方面进行了多方面的探索，其中利用土壤水的毛细原理，将给水器与土壤的毛细力结合并进一步供给植物智能吸收，提出多种毛细给水系统，蒋莆定的"毛细管给水管"，贾中华的"重力式毛细管自动给水装置"，水利部灌溉研究所与宋毅夫开发的"一种毛细给水器"，以不同结构形式构成毛细给水系统，与有压灌溉系统相区别，也是一种连续给水理念的植物智能给水技术，具既节水又节能的特点。

3. 植物智能给水理论与智能灌溉的区别

植物智能，一是以植物为主动的智能，二是一种连续给水与植物体内水分负压循环系统联结的给水技术，三是节能节水的给水系统。智能灌溉是以人为主体执行人类智慧、控制智能机械的灌溉系统，是间断式的执行灌溉的各类灌溉方法。

第二章　植物智能负压给水理论基础

水往低处流，这是自然规律，但植物体内的水是水从根处往树顶处流，这被称为负压流，这是植物的生物能使然，世界最高的树是大洋洲的杏仁桉树，最高可达156m，但仍然能将水分从根输送到顶端；雪曼将军树是生长在美国加利福尼亚州的水杉，体积1 487m³，根系同样供其耗水；非洲的猴面包树，树干粗大木质松软，能将雨季多余水分存储在体内，能存储数吨的水量，调节旱季需水，其中最老的一棵已活了5 500年；南非奥里斯达德附近有一株无花果树，根深入地下有120多米，可抵抗干旱的威胁。可见植物比动物不论体积、寿命都有更强的适应环境的能力，也是负压流的神秘。

第一节　植物生长的体内水分循环

一、植物体内水势理论

人类对水与植物的关系，经历数千年的观察研究，从水是万物之源，到水如何使一粒种子变成有生命的生物，又如何进入植物体内，如何输送……关于植物体内水分输导原理，早在2 000年前，我国农学家提出根吸收水分供其植物需要成长开花结实，公元1727年英国植物学家黑尔斯测定了根吸水叶片蒸腾作用，并计算植物茎内水的上升速率，虽然20世纪初欧美学者观察和研究了水分进入植物体的过程，提出了渗透、吸张作用、新陈代谢作用、张力、扩散压差等理论，但缺少定量对水分进入植物体和在体内运动的衡量。水势概念早在《周礼·考工记·匠人》中便有"凡沟必因水埶，防必因地埶"，1941年中国植物学家汤佩松和王竹溪提出水势是判断植物细胞水流动方向的依据，水势理论一直成为植物体内水流计算的方法（汤佩松坚持研究太阳能的生物转化，生物体是如何成为一个活生生的机体的？执着地追求揭开这个生命之谜）。进入21世纪，随着分子生物学的成熟与电子显微观测的发展，发现细胞控制水流动的通道和控制机制，1992年2月，美国细胞生物学家彼得·阿格雷教授（Peter Agre）发现28kDa蛋白具有水通道专职作用，这一成果揭开了长期关于细胞间水分传递的秘密，水通道蛋白存在于动植物细胞上，目前已在很多作物上观测到水通道蛋白。

二、植物细胞水分传导理论

中国以农立国有史以来非常重视对植物的利用与研究，尤其中医以草木为药材，数千年开始有神农尝百草的传说，《神农本草经》（公元元年前后）是世界最早的医药著作，到了明朝《本草纲目》（公元1578年李时珍著）更是一本植物利用的经典之作。

但后期对植物学的理论研究要落后于西方。17 世纪中期，英国人胡克用原始的显微镜观察到植物细胞的细胞壁，并提出了"细胞"这一概念，1838—1839 年，由德国植物学家施莱登（Matthias Jakob Schleiden）和动物学家施旺（Theodor Schwann）最早提出细胞学说，经过两个世纪的努力近年国内外植物生理学研究进入了分子生理学时代，已经从整体、器官、细胞水平深入分子水平，逐步揭开植物体内生物分子结构、蛋白质功能、基因转录方式方法、细胞信息传递、蛋白质功能控制的秘密。其中水分在植物体内的存在、运动，外界因素变化（阳光、黑暗、温度、空气土壤湿度、水质、风和外力刺激）引起细胞中水道蛋白和气孔的变化，水道蛋白对植物的水分胁迫反应也逐步被认识。所以植物体水流不但遵从流体力学规律，更有生命基因感知控制，具有类似动物血流动力学的特质，逐步由生物力能学深化为植物智能水流动力学，植物细胞的水分传导不是纯力学流动，植物体内水流开关由植物智能控制。

三、植物智能理论辨析

1. 对智能的理解

智能的传统解释是人类智慧与处理事件的能力，然而随着人类对生物的认知逐步加深，和分类观察事物科学技术的高度发展，人们不仅能借助电子技术，看到小到分子原子的动态变化，大到宇宙乃至宇宙外的宇宙运动。对生物智能的认识也逐步由人类扩展到动物、植物，人类从家养动物身上逐步认识到人类能与动物交流，加之一些动物学家对数种机敏动物间的信号交流观测，认识到动物的交流是有语言的；一些先觉植物研究者通过对植物几个世纪的观察研究，关于植物是否有类似人类的智能能力，虽然有一些分歧，但逐步趋于一致。只是不能用人类的信息收集器官来评价植物对信息的采集和处理方式，对植物的智能需要用更广义的智能定义（对外界环境的感知与处理能力，及物种内部的信息交流能力）。

2. 植物智能表证

随着人类对人工智能研究的深入，对智能的认识逐步深化与扩展，人类收集信息有专用器官，有视觉、听觉、味觉等，但植物则不同，它们虽然没有这些器官，但作为生物有它们特有的感知结构，而且其感知外界光、声音、味道、温度、引力、触碰、方向的能力几乎遍布全身，好像比动物的能力更强，因为其不会因为一部分枝叶损坏，而失去了单项功能，因为感知功能在每个细胞上几乎都有这种功能，比如动物吃掉了地上的茎叶，植物还能再长出茎叶，而动物砍掉了头就死亡、砍掉腿就长不出腿。

植物也有视觉、嗅觉、味觉、触觉、听觉，植物有视觉，全身含有"光敏素"长在细胞里、可感知光线的方向与强弱，具有"向光性"；植物有嗅觉，全身含有"挥发性分子"，用于对环境气味感知与反应，与昆虫交流；植物有味觉，植物根含有多种味觉感受器，能够探知不同的盐类、对有害金属做出亲近与远离；植物有触觉，全身含有受压时能制造"茉莉酸甲酯"，传递至体内其他部位，不同部位会做出不同反应；植物有听觉，全身含有对声音的感知，声音是一种波的传递，由空气和大地传送，植物的各部位都能做出反应，与动物一样对一定频率的声波敏感，曾有人对葡萄播送音乐，获得增产的效果。此外，植物还有十几种其他感知技能，如感知土壤湿度、感知地球引力、感知有毒金属、植物内部沟通、与动物的沟通、与细菌交流等等。

由此证明，植物具有对外界感知和做出反应的能力，具有智能的特质。

3. 植物智能分子生物学辨析

人类对植物的认识应该最早是从食物开始，我国古人开天辟地就以农立国，浙江余姚河姆渡新石器时代遗址出土的炭化稻谷遗存，已有 7 000 年左右的历史。有文字记载中国古书《尔雅》中有草木的分类（约公元前 500 年），其中草类就有 300 多种；公元前 372—前 287 年，希腊学者狄奥弗拉斯特描述 500 多种野生和栽培植物，著有《植物志》。随着科学技术的进步，人类对植物的认识不断深入，进入 20 世纪对植物生物特性有了飞跃的认识，逐步揭开生命的秘密，从形态到生命的密码了解植物的智能机制，揭开生命基因的秘密，植物是有鲜活的生命。具有里程碑贡献的是孟德尔（G. J. Mendel，1822—1884 年）发现了生物遗传的基本规律，并得到了相应的数学关系式，称为"孟德尔第一定律"（即孟德尔遗传分离规律）和"孟德尔第二定律"（即基因自由组合规律）。进入 20 世纪，1910 年前后摩尔根（T. H. Morgan，1866—1945 年）创立染色体遗传理论，随后，1941 年 G. W. Beaddel 发现基因酶、1950 年 O. T. Avery 发现脱氧核糖核酸（DNA）、1953 年沃森（J. D. Watson）发现 DNA 具有双螺旋分子结构，DNA 双螺旋分子结构，可算作分子生物学的出现。分子生物学主要研究核酸、蛋白质在生命演化过程中的生物化学反映，从分子螺旋结构中观察生命成长、分化，各细胞不同分子、蛋白、酶等感知、控制功能，揭示了生命、生长、遗传、变异的秘密。

经过一个世纪各国科学家的努力，人们对植物的根系吸水，光合作用、水分运输等生命过程有了分子生物学的解析，植物的感知细胞分子几乎分布在它的所有根、茎、叶细胞中，只是各有各的功能，不同功能由相同的标记分子组成功能基因组。分子生物学发展，揭开了植物对外部环境感知能力和控制机制的密码。下面只对与灌溉有关的植物智能部分进行简介。

（1）植物细胞水分吸收与传导控制　植物体内水分传递主要由两部分组成，一是质外体传递，由细胞壁和木质部传输细胞完成，如茎秆中的水分传输。二是共质体运输，共质体是由细胞与细胞间连丝组成的连续体，如叶片间的水分输送。

细胞中含有各种功能基因，不同功能是标记在细胞不同分子上，基因功能分工很复杂，有负责细胞分裂，有负责胞液浓度大小的，有感知引力的等，如质外体水分输送，向上运输主要靠两种力，一是大气的蒸发力，二是水分子的内聚力。内聚力的大小与疏导管的粗细成反比，植物茎秆中的疏导管越往上越细，内聚力越大（负压），蒸发力与内聚力联合将植物体内水分从根向上拉（吸引），植物疏导管的粗细是由生长细胞基因控制（有生命）。相应的共质体的水分输送，也是由生命细胞中的相关基因控制，如由细胞间连丝组成的细胞连续体，枝叶与根茎的信息交流十分复杂，其中有水分输送，更有营养与光合产物的交流。其中传导力来自细胞液的浓度差，胞液流动是由高浓度向低浓度流动，而浓度的调整是由生命基因中管理浓度大小的基因负责（由此看出植物生命的奥秘），细胞液的传递是由负责控制液泡浓度基因标记分子控制，是生命智能现象，是可调剂的双向流。

（2）根对水分吸收的感知与控制　达尔文在《植物的运动本领》一书的结束语中

提道，对根的感知给出了如下描述，"几乎毫不夸大地说，……胚根尖端，像一个低等动物的大脑那样起作用，这个大脑位于身体的前端内部，从感觉器官接受印象，并指导几种运动"。经过一个世纪，分子生物学的出现对根系的认识更加深入，激光共聚焦扫描显微镜还可以对活细胞的结构、分子及生命活动进行实时动态观察和检测，对于根系对外界环境的刺激（如干旱、洪涝、盐碱）产生应答研究提供了技术条件。植物学家研究证明了达尔文的结论，植物根系的尖端确有几微米到几毫米的区域，植物解剖学称为静止中心，由几个到数千个细胞组成，他由众多感知基因组成，"这一根尖不停侦测多种参数，如重力、温度、湿度、电场、光照、压力、化学梯度、有毒物质（毒素、重金属）、声波震动、氧与二氧化碳"并做出判断及回应，而且一个植物个体具有千百万个根毛，每个根毛都有根尖，形成独立的网络，目前还没法测知根毛网络间是如何传递信息，但已有假说，千百万个根毛的根尖组成类似自动控制中的分布式网络，会用未知类似化学、电场等信号彼此交流，信息交流已是共识，方法还有待研究。

其中根系对水分的感知观察，已在人们众多的灌溉试验中得知，土壤湿度大的方向根系就茂盛，湿度低的地方根就少，如果土壤干旱，根系扎得深，可以去寻找更多的水分。过去认为是物性释然，对植物的智能了解很少，其实正是植物的生命智能控制使然。

（3）叶片对水分输导的控制　植物叶片是重要的光合作用器官，水分的输导控制直接影响光合效率。叶片是由植物茎顶端分化形成，水分输送与根、茎维管束相连部分称为叶迹，外部称为叶柄，叶片内部布满叶脉网络，叶脉中的维管束与叶迹相通，组成叶片水分与有机物溶液输导网络。植物叶片水分的充足与否，决定植物成长与收获，植物在适应不同环境下，不断变异，成就了抵抗适应环境的各种智能控制基因，在叶片的各部细胞中转录了不同控制水分输导的控制基因，管理叶片水分变化的控制功能，如调节细胞液浓度、水道蛋白开度、叶柄储水量等，以适应外界环境因素胁迫，保护叶片活动功能，适应环境变化。

（4）水道蛋白在水分输导中控制作用　在水道蛋白（或称水孔蛋白）没有发现前（1987—1993年发现），植物体内水分流通是渗透学说，但1987年Agre等分离了红细胞Rh血型抗原中跨膜双分子层的多肽成分，1988年Agre研究小组从人的红细胞膜上分离到一种分子量为28kDa的未知蛋白，即为细胞膜水通道。1997年基因组命名委员会正式将其命名为AQP，即水孔蛋白。现在已经知道，水孔蛋白（Aquaporin，AQP）是一类介导水分快速跨膜转运的膜内蛋白，水孔蛋白几乎存在于所有的生物体内，具有丰富的多样性。到目前为止，在玉米、水稻等多种植物中均有发现，近年多方观测AQP存在植物各部位细胞中。

植物是生物，水在生物体内运动，不但遵从力学规律，同时生物有感知能力与控制能力，水孔蛋白在植物体内有多重功能，其中在细胞间水分运动中有以下几种功能。

增强生物膜对水的通透性：随着水孔蛋白内部结构逐步清晰，对其基因组成及细胞定位功能，有了更深入认识，表2-1是近年观测成果。AQP能增加生物膜对水分的通透性，实现水分快速跨膜运输，AQP尤其存在于维管束、输导管、木质部中，使植物体内长距离的流通顺畅，水孔通水速度快于渗透压传递水分的速度。水循环畅通保证了生长速率、蒸腾速率、气孔密度以及光合效率均明显增加。

表 2-1　植物 AQP（水孔蛋白）分类、细胞定位和运输性选择

基因类型	亚类	细胞定位	运输选择性
PIP$_S$	PIP1、PIP2、PIP3	质膜	水、CO_2、甘油甘氨酸
TIP$_S$	α、β、γ、δ 和 εTIP	液泡膜	水、氨水、尿素和 H_2O_2
NIP$_S$	NOD26 和 LIP2	质膜、细胞内膜	水、甘油、尿素、硼酸、硅等
SIP$_S$	SIP1 SIP2	内质膜	水及其他小分子
GIP$_S$	P$_P$GIP1-1	可能在质膜	甘油、对水没有极低通透性

　　水孔蛋白的调节：近年生物学家对水孔蛋白结构有了更为深入解析，在一级结构中，E 环 NPA 盒前的半胱氨酸是水孔蛋白的汞抑制位点，因此水孔蛋白活性的调节受到汞和有机汞的调节。外界环境如干旱、高盐、生长激素（脱落酸、赤霉素、油菜内酯）、光质（蓝光）、低温、营养亏缺及病原体微生物的侵染也均能诱导水孔蛋白基因的表达。此外，水孔蛋白的活性也受 pH 值、钙离子、重金属离子（氯化汞、硝酸银）、磷酸化、多聚化和异源蛋白间相互作用等影响，每个 AQP 单体都含有 5 个短环（lopp）相连的亲水的跨膜 α 螺旋，N 端 C 端深入细胞质，拟南芥水孔蛋白 PIP2 结构示意如图 2-1 所示，B、D 环位于细胞内，A、C、E 三环在细胞外，细胞中外 E 环与胞内 B 环形成峡窄水道，形成漏斗形，D 环守在水孔细胞内壁水孔上，接收生物信息系统的指令，管理水通道的开关。指令来源于外界的光、热、水、盐等因素对植物体胁迫，细胞的感知蛋白内各种酶类会发出生物反应信息。

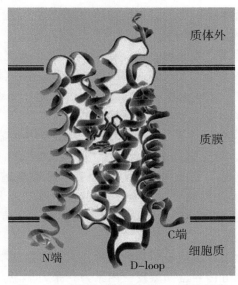

图 2-1　拟南芥水孔蛋白 PIP2 结构示意

水孔通道理论的发现会为抗旱类玉米培育开辟新的思路，因为基因工程技术已到了可控重组高度，将能对过分释放水分的基因改换为控制能力强、水分生产效率高的水孔蛋白，就能培育出抗旱的新型玉米和贮藏库。代谢库是指消耗有机物的器官，植物的生长组织与器官；而根块、茎块、叶鞘、果实器官则称为贮藏库，就是植物水与溶液传输器官。其中，根茎叶鞘细胞都有较大囊状组织，可以临时储存水分，在外部环境变化时，可调节水分和营养供给，是植物适应环境而形成的结构。

4. 植物体内水分流动力学特征

（1）植物根系水分流动力学特征　根系由生理活动对水分的吸收有两部分构成，一是主动吸水，根系自身的生理活动，包括根系生长，吸收水分供给自身形成根系网络，其动力是根压，植物根系组织的压力小于土壤的水压，土壤对主要农作物的含水量一般相对湿度大于 50%。

（2）水孔蛋白在逆境调节中的功能　根系细胞中的水孔蛋白的活性在干旱时消失，水孔蛋白的关闭功能限制水分流失到干旱的土壤中，从而增加了植物对干旱的耐受能力。生理试验已经观测到植物受到温度、盐胁迫时，水孔蛋白的含量也有所变化，会做出保护性反应。

四、植物智能水流动力学理论

生物力学的研究在 20 世纪得到快速发展，产生了生物动力学、生物反应动力学、微生物动力学、生物数学、植物动力学、植物吸收动力学等，但主要以细胞及细胞蛋白为单位，21 世纪，生物力学研究已进入分子力学、高分子力学、量子力学时代，基因学在植物学中应用，植物生命活动的一些秘密已逐步在揭开。对于从事灌溉研究的学者，更关心如何将植物分子生物学的最新研究成果，引入并应用到灌溉科学中，如何将植物在体内液流的生命智能控制机制引进植物体内流动中。

1. 植物体内两种液流生物学特征

自然界水体流动，遵循位势原理，从高处流向低处，人工器械（如水泵）中的流体都遵循压力流动原理，由压力大向压力小的方向流，但生物体内的体液流动，是由生命机制控制，流动的方向、流动速度、流动时间则由有生命活动的智能控制，当然在流动时，也遵循纯力学原理，即位势与压力原理。

（1）植物体水分智能传导体系　最近发现的水孔蛋白孔隙直径最小 0.3~0.5nm，大于水分子直径 0.24nm，可见细胞中的大分子物质无法通过，水孔蛋白的最大特点是它不是一个简单的物理通道，而是由生命基因控制的活性通道，其开关是由水孔中 D 分子控制，其开关取决于外界的环境变化（如光照、温度、细胞液浓度、土壤湿度等），D 感应后做出智能性的对应决策，是关闭还是开放以及节制，其后调节 D 分子的开度。

水孔蛋白存在植物全身，由根系到茎秆叶片，水孔蛋白基本管理植物体内水分跨膜运输，而植物维管束的水分传导遵循蒸发—内聚力—张力学说，属于压力流，势能是水流动力。

（2）植物体溶液智能传导体系　植物体的养分与光合产物的传递，是由植物体液输送，这种输送明显是双向的，因为植物养分由根系吸收，向上传递，而叶片光合产物是向上下四周输送，其中包括向根系输送。

植物体溶液传输结构：溶液传输不走维管束，而是由植物的韧皮部承担，韧皮部中生有筛管，筛管首尾相连形成管道，承担长距离运输，如根系吸收的营养物质就是韧皮部的筛管输送到植物的顶端及四周叶片。短距离运输细胞内溶质传递是靠扩散和渗透压传导。

植物体溶液传输方向：植物体内各部分器官溶液需要互相交流，输送的方向变成多维的传送，供给顶端需要向上输送，叶片光合产物需要输送到各器官，供其生长及果实储存与积累。

植物体溶液传输智能控制：要完成多维度的输送，需要有管理网络，如同给水网络系统，各器官及微观的各组织要有控制功能，这些功能的完成凸显了植物的智力能力，这种能力要比供水管网复杂得多，因为不但要调节压力，还要调节溶质浓度以满足渗透压的调节，而且还要对溶质各元素的浓度进行调节，变成溶质的多维调节，如铁元素供给哪些器官，氮供给谁，钾供给谁，磷供给谁等，需要多维的感知及调节能力。这些秘密只有在到了分子生物学的时代才开始揭开，但有些秘密还需要几代人的努力，总的来说，各功能都是由带有基因密码的标记各种功能的转录分子完成，如磷的吸收与运输，在根系将化合物的磷吸收后，需要转化为有机化合物，并转变成有基因生命的磷转运蛋白，并且有不同亲和力的磷转运蛋白，磷转运蛋白的基因调控特性标注在转录水平，标记有磷转运基因组织的特异和对环境变化的响应能力。

植物体溶液传输与分配结构：自然界的生物法则是适者生存，而每种生物要想存活必须建立它对自然环境的最大适应能力，尤其是对不良环境变化的适应，灌溉研究者对植物如何适应水环境的变化非常感兴趣，水的变化联动植物溶液的浓度变化，两者密切相关。

在植物亿万年的演绎中，为抵抗雨旱干湿变化和营养获得时段不均，在植物体的根茎叶中有了源、库、流的分工组织器官概念，源是指植物生产器官，主要是叶片；库分为代谢库和贮藏库；流是指将源产生的光合产物输送到库的输导组织结构，流的通畅直接影响源库的效率。试验获得流的通畅一般以水势的状态表示，根系的水势在$-0.7\sim-0.15$MPa。

第二种水分吸收及流动，称为被动吸水，水分沿着维管束系统向上流动，其动力来自空气的蒸腾力。蒸腾力大小决定空气湿度与温度，其水势变化范围很大，在$-150\sim-1$MPa（图2-2），主要决定气象环境，蒸腾力远大于植物体内的水势（纯水水势为0，植物体内水势为负值）。

$$w_a = \{RT\times LN\ (e/e_0)\}/v \tag{2-1}$$

式中：w_a——大气蒸腾水势 MPa；

R——气体常数；

T——绝对温度（也称 K 氏温度，代号 K）

e/e_0——空气相对湿度；v——偏摩尔体积

植物茎水分流动力学特征：植物茎秆水流主要是通过各器官的维管束作为通道，维

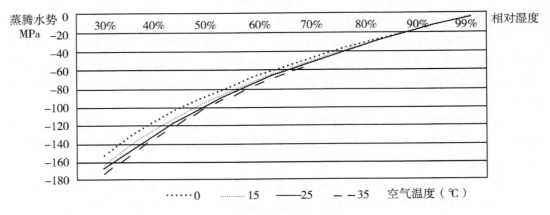

图 2-2　大气蒸腾力解析

管束通道较宽，水流在三种力作用下，传递速度也较体内质水分传输流畅，其动力来源于植物顶端的大气蒸腾拉力，强大的蒸腾拉力保持了向上力，第二种力是水分子的内聚力，水分子间具有强大的吸引力，水分子与水分子之间的内聚力很大，20 世纪 90 年代，Smith 与 Apfel 等学者，测得空穴水分子可达-27MPa，理论值在-200~-80MPa，水内聚力能保证水流的连续性。第三种力是维管束的微管张力，即张力学说，张力与微管的管径大小成反比，管径越小张力越大，保持了水在维管束的附着特性；

微孔水面张力：

$$F_s = \Delta \times L \tag{2-2}$$

F_s——水表面张力；

Δ——水表面张力系数（19.7℃下纯水的表面张力系数的标准值为 7.280×10^{-2} N/m）；

L——微孔边界周长。

植物茎总是根部粗大，向顶部逐步变细，图 2-3 是对柳桃分支不同枝杈茎维管显微图片，看出随着茎的变细，维管也越细，表明植物茎筛维管的张力越往上越大，维持体内水分和溶液向上输送有利，同理维管束也一样。

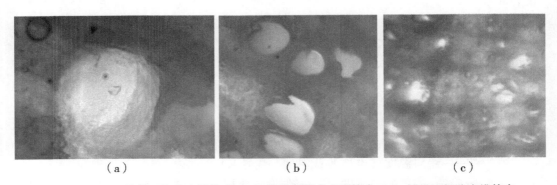

(a)　　　　　　　　　(b)　　　　　　　　　(c)

图 2-3　（a）柳桃三级分支维管束　（b）柳桃四级分支维管束　（c）柳桃五级分支维管束

植物叶水分流动力学特征：叶片水分输送成网络结构，水分传递主要由叶片中的维管网（也称叶脉网络）分配，其动力主要是大气的蒸腾力，叶面蒸发过程需要将液态水气化成气态水蒸气再向大气散发，这一过程是在气孔室内完成，能量来源于光照产生的蒸发潜热。植物气孔水气流动应然遵守负压流动理论（水势理论），蒸腾吸力远远大于植物叶片的负压，气孔开关受叶片细胞复杂的生命活动控制。

3. 植物体内水分流动生物学特征

（1）植物根系水分流动生物学特征　　根系对水分的吸收和流动的生物学表现有两个方面。第一方面是根生长的向水性与向地性，向水性根系能感测土壤的湿度，根系会向土壤较湿的方向生长，称为根系的向水性，这一特征在我从事 40 年的农作物根系观测研究中深有体会；根系的向地性，当干旱来临时根系会主动向深处伸展。第二方面是对水分输送与供给的调控能力，根系的感知与调控能力主要来自根冠，一株植物有数百万根毛，分布在周围土壤中，而且各自独立互不干扰，根毛也是根吸水的主要器官，数万根根毛织成网络，根毛尖端里有个控制器，组成庞大的控制网络，而且细胞间具有信息传递沟通能力，通过水中的各种化学成分携带密码，相互识别，管理植株的水分供应。每根根毛的尖部都可感知和控制基因分子，控制水分对外界的适应，其水道蛋白是控制器，水道蛋白分布在每个植物细胞中。

（2）植物茎水分流动生物学特征　　植物的智能布满全身，茎秆中也和根、叶一样，茎秆水分传输分为两部分，一是水分的传输，二是含有各种有机物的溶液的传输。水分传输在维管束中，溶液的传输主要由韧皮部筛管完成。水分与溶液的流动是由植物生命复杂活动控制，如水分由每个细胞中的水孔蛋白，根据对外界变化传来的感知信号，做出适当反应，用蛋白中相关分子进行控制。而韧皮部筛管细胞含有更为复杂的各种元素感知蛋白，并按生产与储存、花果器官的需要，输送不同的营养成分，更奇怪的是，韧皮部筛管不但能向上传输溶液，而且也能将叶片生产的有机物向下、向生长需要的器官输送，可见植物分布式的细胞类似大脑，组成了万千点状网络，可以感知外界变化，各器官相互有信息联络，协调的采取最佳方案。因此，谁能说植物没有智能？

（3）植物叶水分流动生物学特征　　植物对外界的感应虽然没有专用器官，但全身的细胞内都有感应转录分子，植物叶子细胞同样布满了各种感应蛋白。叶子是吸收水分与光热生产碳水化合物的工厂，它的水分流动来自与茎秆连接的叶迹，叶内维管成网状布满叶片。叶片水分流动有两个功能，一是从根茎吸收水分，二是将液态水气孔内汽化后散发到大气中，汽化热来源于太阳的气化潜热，在这两种功能中都有智能控制系统管理。对于叶面输水网络的吸水和输送水状态，水孔蛋白会根据大气、光照、气温、生长状态随时采取应对措施调整气孔保卫细胞的开度。气孔的生命活动都是随环境因素变化，而随时跟进生物响应，并向有利于植物生长的方向调整。气孔的控制能力表现出植物千百万细胞的控制及计算能力，分布式控制网络是如此的神秘。

4. 植物智能水流动力学理论

植物在水分生理上的智能体现在生物的活力与自然界的蒸发力结合，使水分一步步从根系向上向顶层运动，水分在植物体内传递主要由细胞间接传送，其细胞间传递开关是由具有生命力的水道蛋白构成的开关，它的活动取决于对外界变化感知后的反映，这里体现了植物的感知和反应选择处理能力。植物体水分循环是负压循环，其动力来自大气的蒸发力，大气的蒸发力远大于植物体内的负压（图2-4），植物蒸腾的主要通道是维管束，维管束连接植物根系、茎秆、叶脉、叶片，水分的出口是叶面上气孔。我们在研究人工智能时往往也会从动物行为中获得灵感，人类的许多发明也来源于对动物的观察，成为一种仿生学学科，植物智能负压给水理论就是将对植物的给水连接到植物的水循环链条上。

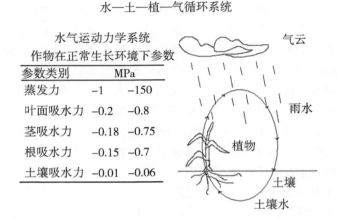

图 2-4　农作物正常生长环境下水—土—植—气循环系统及水势

第二节　植物与环境的水分循环

植物的体内水分循环，紧密地与外界环境的水分循环相适应，随外界水分环境变化而变化。对于灌溉科学，最关心的是寻找农作物最佳生长环境，如何应对不利作物生长的环境，以及应对的策略。

一、植物与土壤水分交换

土壤与海洋都是孕育生命的地方，植物生命来源土壤，植物生长扎根于土壤，从土壤中吸取水分与营养溶液，但植物与土壤的水分交换，不是物理过程，是物理与生命过程，是一个神秘的生命过程，人类是在科技不断发展过程中逐步认识，认知深度还在加深中。

1. 植物与土壤水分传输理论

植物与土壤的水分传输有两种状态，一是正常生长状态下的水分交换，主要是植物从土壤中吸取水分，向上输送；二是植物在干旱至死亡状态，植物处于抗逆状态，生理活动受到强烈刺激，水分与外界失去正常交换。

第一种状态，植物根系从土壤中吸收水分向上输送，有两种根系吸水方式，一种是被动吸水，动力来源于大气蒸腾力，主要输送渠道是维管束，是一种物理现象。另一种是植物主动吸水，植物生长发育需要水分和营养，根系向体内各器官输送水分和营养溶液，输送渠道有根系、茎叶的维管束和韧皮部筛管，受植物细胞中各种基因蛋白的转录分子控制。

植物根系摄取水分和营养由根毛网络完成，根毛尖端有根冠，里面布满各种基因转录分子，可以感知土壤中的水分分布状态、土壤湿度大小、营养种类、温度、光照等信息，使植物根系具有各种感知功能，如根系的向地、重力、湿度、温度、金属含量等特性，对外界的变化做出科学选择。

第二种状态，当土壤水分不能满足植物生长正常需要时，植物体内水分输送处在抗逆状态，第一种状态植物与土壤的水分传输是物理机制占主导，而第二种状态，水分传输是生物的生命机制占主导，后者体现了植物的智能理论，这一理论是在植物分子生物学与基因学的发展下产生，虽然达尔文感觉植物有智能，但科学技术无法验证。随着分子生物学的深入，逐步揭开植物智能的秘密，如细胞的水孔蛋白是典型例证。但现阶段只是开始，秘密正逐步深入的揭开。

2. 土壤水分变化对作物生长的影响

灌溉理论的主要任务就是研究水因子在植物生长中的作用，寻找农作物最佳的需水规律，研究不同给水方法可获得的作物回报，以及水因素逆性变化，作物的感知与反应对收获的影响。图2-5中是我国半个世纪的灌溉研究，关于一般农作物对土壤含水量变化的状态反应。

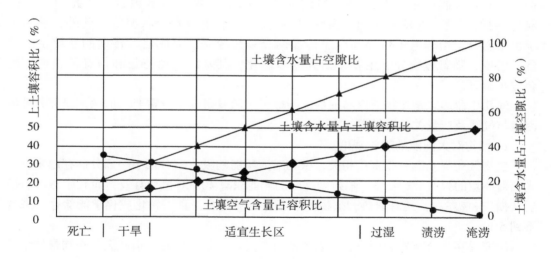

图2-5 中性土壤含水量与植物生存状况

3. 植物与土壤水分交换理论

灌溉理论中利用植物改良土壤、处理土壤污染是当今世界的重要课题，人类的工农业生产严重影响了土壤的纯洁，有害物质进入土壤，土壤的正面效应是为植物提供生命的根基，相反，植物也能培育土壤发育和净化土壤污染。水是重要因子，在水的帮助下，植物根系中的根毛寻找有害物质，将有害物质溶于水。各种特殊植物能发挥其特异功能，一般有几种功能，如排盐和吸盐植物能改良盐碱地、富集重金属植物能挥发、吸附、吸收、固定等技能去除重金属。

植物对土壤的贡献主要表现在两个方面，一是植物根系残留在土壤中，有利于土壤的腐殖质发育，并且有些植物还能生成根瘤菌，肥沃土壤。二是有些植物对某些有害金属具有吸纳特性，能帮助土壤恢复健康。这种交换是在植物的各种特殊智能基因下完成。

二、植物气孔与大气水分交换

植物与外界环境交换，气孔是最重要器官，其复杂与神秘的过程，人类经过两个世纪方揭开其神秘面纱。气孔是植物生长、能量来源的主要通道，虽然植物光合作用的主要器官是植物叶片，但光合作用的重要元素二氧化碳需要从气孔进入。气孔的主要作用有三个方面，一是完成植物的蒸腾，将植物吸收的水分，在气孔汽化后排出体外；二是在光照下完成光呼吸，吸收空气中的二氧化碳输送到叶片中的细胞，将有机物氧化分解，进行复杂的能量转换，完成光合作用；三是完成呼吸作用，吸收氧气，分解排出二氧化碳，并释放能量，也能在无氧条件下完成无氧呼吸。

1. 植物气孔的蒸腾作用

植物气孔蒸腾不是纯物理现象，是植物生命最活跃的运动，虽然植物被动的水分循环是服从水分运动规律，但蒸腾的强弱、气孔开度与开始关闭是受植物生命活动控制，并且控制过程十分复杂，控制反应来源于外界的诸多因素，如光照（光强弱）、时间周期、气象（阴雨、温度、空气成分）、土壤水分状况等。此外，控制系统也很复杂，由非电子传递和电子传递两套系统控制，完成信号传递的系统由多种蛋白组成，随着植物分子生物学研究逐步深化，其基因生命特征和信息传递的密码会逐步解开。

气孔生命形态是作物最容易捕捉的指标，对灌溉研究十分重要，但深入研究各外界因素与气孔及产量关系不够深入。

2. 植物对太阳能的吸收理论

植物气孔与光能吸收直接相关，植物对太阳能的吸收只有很小一部分储存起来，占光辐射能量的只有2%~5%。辐射到叶面的光能只有40%对植物有效，而其中透射、反射又损失8%左右，还有散热、植物代谢消耗27%左右，真正转化成化学能储存起来的不到5%。

研究提高光合有效利用率，主要方法有三类：一是采用各种措施满足作物最佳生长需要条件；二是研究培育新的农作物品种；三是利用新的生物技术改良品种。但第三种近年被实践引起争论，需要深入长期的实践考验。

3. 植物对环境调节的理论

随着植物分子生物学的进展，对植物智能的机制，以及各种生命活动的研究，获得很多进展，也揭开很多生命活动的密码，例如，控制水分传递的水孔蛋白、控制光合作用的光合膜蛋白及磷酸化蛋白、G蛋白在控制气孔蒸腾、光合作用、外界环境信号活动等。

基因分子生物学逐步揭开植物智能的一些秘密，但距离全面掌控，不同植物的各种控制密码，还远没完成。对于灌溉科学的进一步升级，也离不开对作物水分、水肥最佳分子生物学的控制机理研究。

第三节　负压给水与植物体内负压循环的连接

负压给水技术与有压灌溉技术不同，是一种连接到植物体内负压水分循环的给水技术，其主要区别是一种对植物给水理念上的突破，表现为：从有压灌溉变为负压给水、从以人的主动灌溉变为植物主动智能取水、从间断式灌溉变为植物连续的取水。总之，负压给水技术是以植物智能为主体的作物给水技术。

一、负压给水器的微孔持水能力

负压给水技术关键能保持负压状态的给水器，负压给水器的原理是微孔持水能力，微孔持水原理是微孔具有张力，也是毛细现象。对给水侧的给水器具有保水能力，对水源一侧又具有负压吸住水的能力。从图 2-6 中看出负压给水器产生负压过程，在图中 A 状态是利用首部给水控制系统，向负压给水网中的负压给水器充水，是建立负压给水器水膜，形成与土壤水接触的水膜，但能保持在状态 C 下链接土壤水，C 状态下，有三种情况，一是土壤水势小于负压给水器的微孔水势（以绝对值计算），土壤水处于倒流状态，但负压给水器中水与水源联通，土壤水处在停止状态；二是微孔负压给水器中水势与土壤水势相等，则处于平衡状态；三是土壤水势大于负压给水器的水势，则负压给水器中的水流向土壤，并通过土壤被根系吸收流向作物。

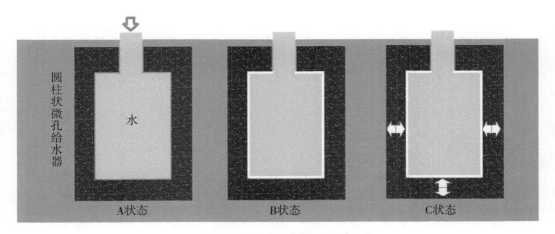

图 2-6　负压给水器持水能力

A 状态：微压向负压给水器充水至充满；B 状态：微压充水后负压给水器外表形成水膜；C 状态：水膜与土壤水接触

二、负压给水器向土壤自动给水机制

土壤是连接负压给水器系统的媒介，植物根系分布在土壤中，负压给水系统埋设在土壤里，土壤成为连接水分运动的中介。但要形成一个自动供水的连续体系，第一步就是要将负压给水系统与土壤中水分连接起来，这需要一套设备，在水势理论指导下完成自动控制。

图 2-5 已经解释负压给水器的保水和失水环境，在作物灌溉农田中，土壤水分是随着作物生长和气候变化（雨水多少）而变化，每当土壤含水的水势大（即土壤干旱）时，负压给水器中的水分被土壤吸水力，吸入土壤；相反雨水多时，土壤含水多，土壤水势降低，低于负压给水器的持水张力，负压给水系统就停止供水。而这一过程是由植物和天气变化控制，不是由人掌控。

三、负压给水器与植物体内负压循环的连接

植物体内的水分循环是负压循环，负压循环即水分由根向植物顶端运动，大气蒸腾力使植物体内水分散失到空气中。负压给水系统参与这一循环，连接媒体是土壤，负压给水器中水分自动连接到土壤—植物—大气的循环中，构成了给水系统—土壤—植物—大气自动水分循环（称为 GTVQ 系统）。

第三章　负压给水器研究

2004 年在与大连市水科所合作进行城市集雨项目研究时，建立了透水砖试验室，在研制陶瓷微孔透水砖时，了解了微孔含水特性，突然想起如何将此原理应用在农作物给水技术中。由此开始了我的负压给水研究之路，这条路持续了十五年之久（2004—2019 年）。

第一节　负压给水器研制

植物负压给水的核心技术就是负压给水器，给水器的核心理论是微孔理论，核心材料是微孔材料。从寻找适合水利给水的微孔材料开始，选择了适宜过水的水泥与陶瓷制品，进而购置研究设备。

一、研制设备

为研制水泥及陶瓷制品，制作和购买了模型压制机、高温炉、养生箱、烘箱、办公设备、试验台、玻璃试验器皿等（图 3-1 和图 3-2，表 3-1）。

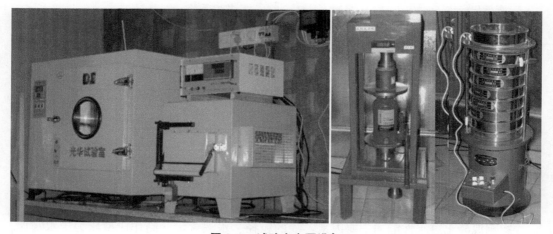

图 3-1　试验室主要设备

图 3-2　试验台与办公设备

表 3-1　试验室主要设备表

名称	型号	名称	型号
分析天平（电子）	1/1 000 天平	压力机	自制
分析天平（扭力）	1/1 000	砖模	自制
天平	1/100	球磨机	GJ-1
套筛	30cm	粉碎机	GJ-IA
万孔筛	10 000/cm^2	高温炉	SXF-4-13（1 300℃）
波美比密度计		震筛机	
量筒	100~200mL	砂石筛	套
坩埚		电导仪	
平板电炉	1kW	多功能含水率测定仪	MY-4
烘箱	DHG-9053C	供水系统	
塑性指标仪	自制	排水系统	
卡尺		试验槽	土壤水运动
渗透仪	自制	试验工作台	
大功率磁力搅拌机	大功率		

二、混凝土微孔负压给水器研制

1. 负压给水器用料与配方研究

混凝土是水利常用材料，所以负压给水器的首选材料就是混凝土。为保持混凝土的透水性，试验选择了无砾石混凝土制作负压给水器。

影响混凝土透水性能的主要因素：沙的粒径、水泥含量、制作成型压力、水灰比，设计不同配方，寻找适合作物需水强度且不宜堵塞的负压给水器。表 3-3 表明混凝土给水器能满足作物需水要求。

对比表 3-2 与表 3-3，可以看出混凝土负压给水器能够满足作物需水要求。

表3-2　混凝土负压给水器配方与试验参数表

给水器序号	混凝土给水器构成					渗透系数检测			
	粒径（mm）沙量（g）		泥重（g）	水重（g）	压力（mg）	试验时间（s）	透水量（mL）	渗透系数（mL/s）	日供水量[L/(d·m²)]
	0.3~0.6	0.6~1.2							
1		150.00	40.54	16.22	8	900	130	0.144	12.480
2		150.00	42.86	17.14	8	334	5	0.015	1.293
3		150.00	30.00	12.00	5	148	43	0.291	25.103
6		150.00	30.00	12.00	8	286	400	1.399	120.839
7		150.00	33.33	13.33	8	371	100	0.270	23.288
8		150.00	37.50	15.00	8	398	300	0.754	65.126
9	150		33.00	13.20	5	99	30	0.303	26.182
10	150		40.00	16.00	13	166	4	0.024	2.082

注：1支混凝土负压给水器供水能力

表3-3　主要农作物日需水量与混凝土给水器供水能力对比表

作物	日耗水量（mm）	每日需水量		混凝土给水器日供水[L/(d·m²)]
		[L/(d·m²)]	[L/(d·m²)]	
玉米田	6	6 000	6	
花生田	3.5	3 500	3.5	给水器序号
白菜田	2.5	2 500	2.5	3、6、7、8、9
大棚	1	1 000	1	20~120

2. 负压给水器制作模具（图3-3和图3-4）

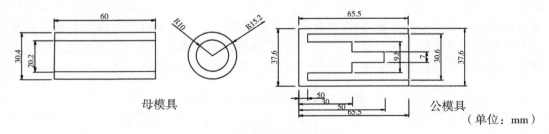

母模具　　　　　　　　　　　　　　　公模具

（单位：mm）

图3-3　负压给水器制作模具

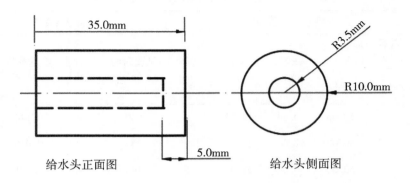

图 3-4　负压给水器尺寸

三、微孔陶瓷负压给水器研制

混凝土负压给水器的缺点是空隙容易堵塞。为改进负压给水器，第二阶段选择了微孔陶瓷原料。微孔陶瓷工艺复杂，用料主要有陶土、成孔剂、沙、石英、水泥、黏土、废瓷，主要工艺：配料、成型、焙烧、出炉。经过多次多配方试验，选择较好的配方列于表 3-4。

表 3-4　陶瓷负压给水器用料配方（试验时间 2005 年 5 月 6 日）

成分	水重（g）	瓷土重（g）	石英重（g）			废瓷重（g）		压力
颗粒粒径（mm）		0.08	0.63	0.315	0.16	0.63	0.315	Mg
1	0.442	2.6	6.5	3.9	0	0	0	0.3
3	0.442	2.6	0	10.4	0	0	0	0.3
5	0.442	2.6	0	9.1	1.3	2.6	0	0.3
6	0.663	3.9	6.5	3.9	0	0	0	0.3
7	0.663	3.9	0	0	0	6.5	3.9	0.3
8	0.663	3.9	0	10.4	0	0	0	0.3

从表 3-5 中看出，陶瓷负压给水器透水性能很强，远大于作物需水强度（按一支负压给水器的透水能力，满足 $1m^2$ 作物需水要求，表 3-3），在负压下如何需要通过实验才能得知。从图 3-5 和图 3-6 中看出瓷土、废瓷对负压给水器的渗透量影响大，其中影响最大的是废瓷含量。同时看出，陶瓷负压给水器与水泥负压给水器对比，陶瓷给水器与水泥的不同配方透水量，陶瓷比较稳定，而水泥的变差要大。

表 3-5　陶瓷负压给水器入渗试验

试验序号	加水重（g）	体积（cm³）	高（cm）	孔隙率（%）	试验时间（S）	透水量（mL）	渗透系数（mm/s）	L/H	L/(d·m²)
1	33.02	8.8548	2.82	3.72	75.69	33.02	0.209	1.571	37.692
3	38.01		2.82		76.6	38.01	0.238	1.786	42.873

（续表）

试验序号	加水重（g）	体积（cm³）	高（cm）	孔隙率（%）	试验时间（S）	透水量（mL）	渗透系数（mm/s）	L/H	L/(d·m²)
5	47.56		2.82		63.69	47.56	0.358	2.688	64.519
6	38.07		2.82		72.44	38.07	0.252	1.892	45.407
7	45.42		2.82		67.35	45.42	0.323	2.428	58.267
8	44.17		2.82		78.47	44.17	0.270	2.026	48.634

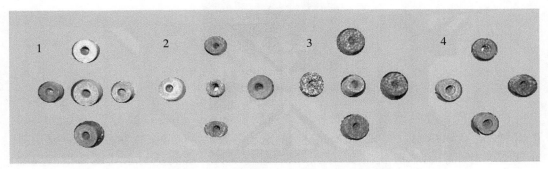

图3-5　负压给水器开发历程：1和2是混凝土给水器；3和4是陶瓷给水器（2005年12月11日摄）

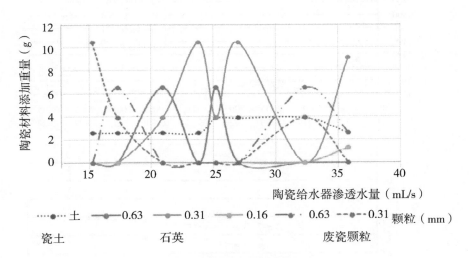

图3-6　陶瓷负压给水器透水性能

第二节　负压给水器性能试验

为检验负压给水器在负压下的水力性能，首先在室内进行了给水器的负压性能测试。

一、负压给水器给水性能试验

负压给水器给水速度影响因素试验：为寻找影响给水器给水量的有关因素，设计三组处理：不同给水器、不同土壤、不同负压（图3-7）。

图3-7　负压给水器给水速度影响因素试验

（1）不同负压给水器　有四种渗透速度给水器，渗透系数分别为0.004860、0.001220、0.000821、0.000580mm/s，供试土壤黑土。试验布置在上图第一层后排，负压20～25cm，给水皿放在下一层。试验进行5天，观测了给水速度和湿润速度，

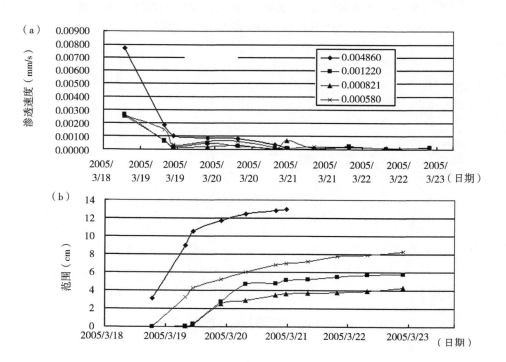

图3-8　不同负压给水器对给水速度和范围的影响
（a）不同负压给水器在相同土壤上渗透速度（负压25cm）
（b）不同负压给水器在相同土壤上湿润速度（负压25cm）

观测数据成果绘制曲线图（图3-8）。给水速度，是指负压给水器的渗透速度，单位时间通过单位截面的水深。湿润速度，是指土壤的湿润速度，单位时间土壤湿润深度。

（2）不同土壤　对所选四种土壤进行了渗透速度测定，在25cm负压下向上渗透速度逐日下降。其中壤土和黑土开始比沙土快，3天后渗透速度基本一致（图3-9）。在湿润范围上，也以壤土最大，沙土和黑土较小（图3-10）。

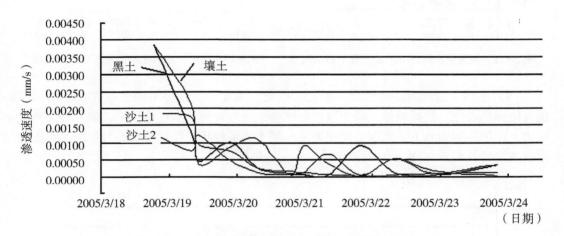

图3-9　不同土壤对负压给水器给水速度的影响

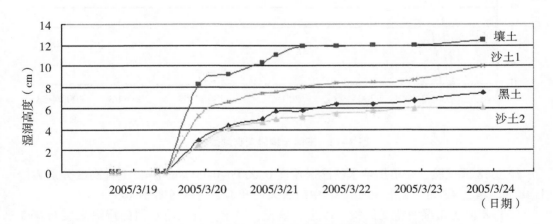

图3-10　不同土壤对负压给水器给水范围的影响

（3）不同负压值　在不同负压时负压给水器的渗透速度不同，渗透速度与负压成反比，负压小渗透快，负压大渗透慢（图3-11和图3-12）。

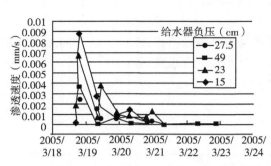

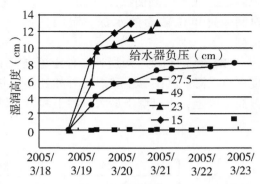

图3-11　负压给水器在不同负压值下渗透速度　图3-12　负压给水器在不同负压值湿润高度

（4）不同土壤湿润高度试验　沙土、壤土、黑土，为获得不同土壤在负压给水时的极限湿润高度，选择当地三种土壤进行试验，第一种为风沙荒地沙土，第二种为耕地中壤土，第三种为地下一米深处河淤黑土，黑土成颗粒状。在负压状态与自由水面土壤湿润高度恰好相反（图3-13）。

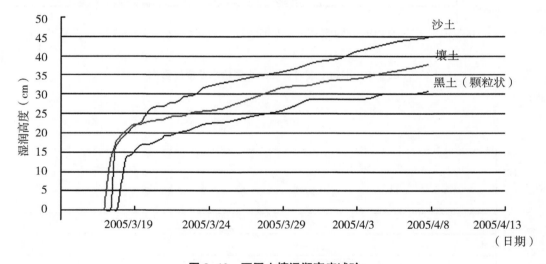

图3-13　不同土壤湿润高度试验

经过18天试验，在负压给水器渗透速度0.0005～0.0008mm/s，上升高度分别为沙土48cm、壤土43cm、黑土36cm。其中前3天上升1/2左右（图3-14）。

（5）不同土壤湿润宽度试验　沙土、壤土、黑土。负压给水器的湿润高度与宽度是设计给水器布置间距的重要依据，所以同样对所选三种土壤也进行了湿润极限宽度试验。供试给水器渗透速度为0.0008mm/s，三种土壤湿润宽度半径在1m左右，其中前3天湿润宽在20～30cm，随后逐渐缓慢，20天逐步停顿下来，沙土湿润速度较快，5天即可达到1m宽。受设备限制，试验分两次进行，第二次试验黑土和壤土，黑土湿润缓慢，试验期达1个月（图3-15）。

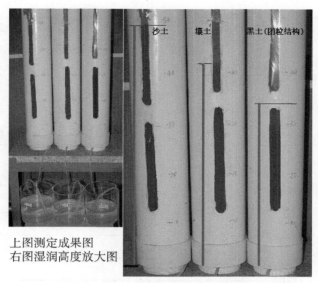

上图测定成果图
右图湿润高度放大图

图 3-14 负压给水器在不同土壤中湿润高度

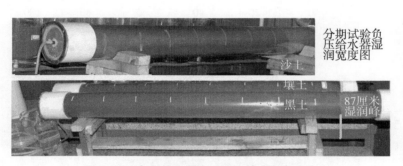

图 3-15 负压给水器在不同土壤中湿润宽度

负压给水器土壤湿润范围，土壤含水量变化不大，凡是湿润峰所到达的地方，土壤含水量均在 15% 以上，在 50cm 内，含水量在 20% 以上，相对湿度 86.96%。试验成果可见表 3-6 和图 3-14、图 3-15、图 3-16、图 3-17。

表 3-6 不同土壤湿润宽度试验结果

日期	壤土			黑土		
	水皿水位 （cm）	湿润距离 （cm）	渗透系数 （mm/s）	水皿水位 （cm）	湿润距离 （cm）	渗透系数 （mm/s）
2005/3/20 19:00	2.6	15.45	0.00984	0.72	0	0.00273
2005/3/20 23:15	2.65	20.3	0.00040	1.02	9.8	0.00241
2005/3/21 8:15	3.46	28.7	0.00307	1.69	14.5	0.00254
2005/3/21 19:39	4.28	36.73	0.00245	2.49	20.3	0.00239

（续表）

日期	壤土			黑土		
	水皿水位（cm）	湿润距离（cm）	渗透系数（mm/s）	水皿水位（cm）	湿润距离（cm）	渗透系数（mm/s）
2005/3/22 7:45	5.08	42.95	0.00225	3.16	26.44	0.00189
2005/3/22 21:40	5.56	48.58	0.00118	4.08	30.4	0.00225
2005/4/22 21:40		90			87	

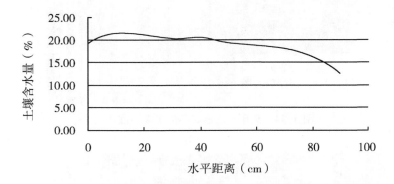

图 3-16   距负压给水器水平距离土壤含水量

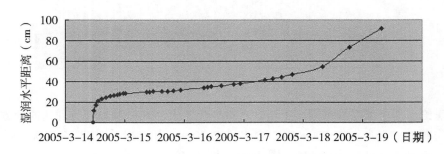

图 3-17   负压给水器在非饱和土壤的水湿润速度与土壤含水量分布

（6）负压给水器向下湿润速度试验   试验负压给水器，负压值-58cm，渗透系数 0.00058mm/s，土壤为壤土。试验是在没有土壤蒸发和作物需水条件下进行，从试验中看出（图3-18），土壤向下湿润要快于向上和向侧湿润速度，三向土壤湿度扩散受力状态不同，向上和向下要受重力影响，向下土壤水受力是土壤张力加上重力，而向上土壤水受力是土壤张力减去重力。土壤湿度向水平方向扩散只受土壤张力作用，无重力参加。土壤湿润范围是一个向下轴长，向上轴短的椭圆球形。

二、负压给水器给水效率试验

负压给水器负压给水栽培试验：选择了 7 种不同渗透速度给水器，负压在 15～

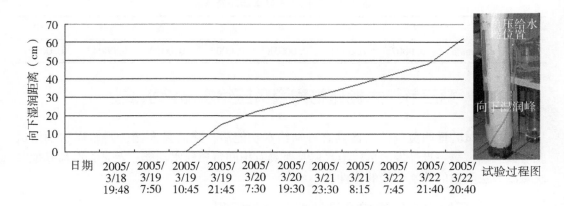

图3-18　负压给水器向下湿润速度

20cm，利用玻璃皿在沙土上种植了大蒜和玉米，在20多天中作物处在负压给水状态，生长中大蒜和玉米按时发芽出苗，生长发育正常，但20天后由于室内无太阳直射光，小苗逐渐萎缩。从所观测土壤含水量变化看出，土壤含水量在15%～20%间变化（表3-7，图3-19和图3-20）。

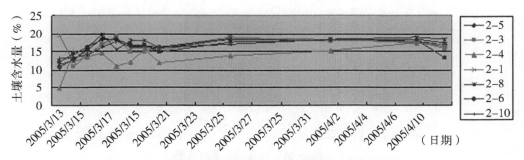

图3-19　负压给水器组室内栽培试验土壤含水量变化曲线

图3-20　负压给水器组室内栽培试验

表 3-7　不同负压给水器渗透速度

序号	2-1	2-3	2-4	2-5	2-6	2-8	2-10
渗透速度（mm/s）	0.0007	0.0008	0.00038	0.0005	0.0019	0.00043	0.0009

第三节　大棚作物陶瓷负压给水器给水试验

在室内试验证明负压给水器具有自动给水功能后，建简易大棚，开始作物栽培试验。试验测试第一批开发的负压给水器是否具有田间负压给水功能，及是否有与其他节水灌溉方法类似的节水节能的特性。

一、负压给水系统组成及设计部分参数观测

1. 负压给水系统组成

负压给水系统由三部分组成，即首部、管网、负压给水器。首部：井、水泵、阀门、高位水箱、低位水箱、水表、电表、压力表，其中水箱由箱桶、浮球阀和过滤器组成（图 3-21 和图 3-22）。管网：主管、支管、排水管、负压状态主管水位观测孔（图 3-23）。负压给水器：支管给水控制器、负压给水器。负压给水系统各点高程关系如表 3-9 所示。

图 3-21　负压给水系统首部

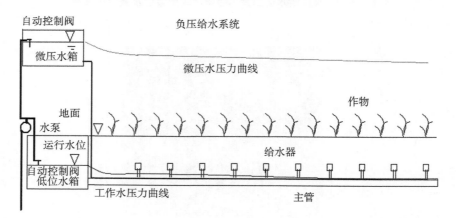

图 3-22　负压给水系统装置主要部件

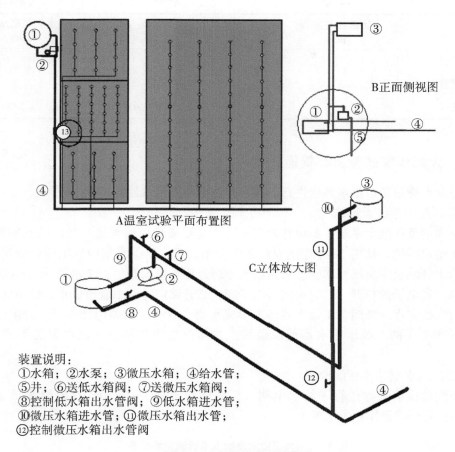

装置说明：
①水箱；②水泵；③微压水箱；④给水管；
⑤井；⑥送低水箱阀；⑦送微压水箱阀；
⑧控制低水箱出水管阀；⑨低水箱进水管；
⑩微压水箱进水管；⑪微压水箱出水管；
⑫控制微压水箱出水管阀

图3-23　负压给水系统构成

2. 负压给水状态下水力参数

测定主管中点，尾端。主管（12mm）在负压给水下长28m，总水头损失6cm，支管处在负压下（表3-8和表3-9）。

表3-8　负压给水时管路水力损失测量（给水状态）

测点	后视（m）	前视（m）	高差（m）	距离（m）
低水箱水面	1.34			
中点水位		1.38	0.04	22
尾管水位		1.4	0.06	28

表3-9　系统各点高程

测点	水压面相对高程（m）	地面与低箱差（m）	给水头与低水箱差（m）	给水头与高水箱差（m）
高水箱	2.378			

（续表）

测点	水压面相对高程 （m）	地面与低箱差 （m）	给水头与低水箱差 （m）	给水头与高水箱差 （m）
排气管	2.31			
尾管	2.3			
试区		-0.294	-0.144	2.335

二、大棚作物试验首部管道布置

首先对大棚里负压给水系统进行安装，并测试负压给水器的实际效果。

1. 负压给水系统首部结构

大棚作物负压给水系统首部包括两部分，一是形成负压给水器的微压给水的管路，二是负压给水系统。从图3-23中的立体放大图中看出，从①水箱中分出两条管路，低压水箱给水管⑨及④负压给水管。负压给水原理过程：给水开始，②水泵开动，③低压水箱充水，⑫电子阀打开，同时关闭⑧电子阀，⑪管路向④给水管道供水，试验区田间的负压给水器充水，瞬间负压给水器外表形成水膜，数秒后就关闭②水泵、⑫电子阀，同时打开⑧电子阀，负压给水器形成负压，并与供水箱连接，④供水管道形成负压状态。

2. 负压给水器给水性能检测

对不同负压给水器进行了给水率测试，结果列于表3-10中。看出给水量200～1 000mL/d完全满足作物需水要求。

表3-10　负压给水器给水函数测定结果表

项目	负压给水器名				
	GH-FGS1	GH-FGS1	GH-FGS2	GH-FGS3	GH-FGS4
渗透速度（mm/s）	0.002	0.002	0.008	0.015	0.33
埋深（m）	0.15	0.05	0.05	0.05	0.05
压力（水柱高，m）	2	-0.05	-0.2	-0.05	-0.05
给水后天数	给水量（mL/d）				
1	2 881.351	116.9982	472.8	592.4 175	148.7172
2	877.2792	288.0482	562.632	773.8198	1 295.147
3	493.0548	187.4708	361.692	305.1971	989.1329
4	607.194	214.8388	241.128	305.1971	1 131.722
5	205.716	134.7874	145.386	138.9117	896.3889
6	230.2692	123.156	126.474	160.157	482.1053

对负压给水系统中的给水器的给水率和给水速度进行了实测，从图3-24和图3-25中看出，不同的负压给水器都能满足作物需水要求。随着土壤湿度逐步增加，给水率逐步降低，最大值大于100~300ml/d，最大湿润深度达100cm。

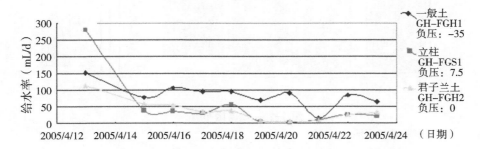

图3-24　花卉负压给水器给水速率

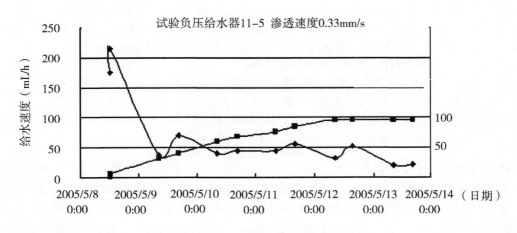

图3-25　负压给水器负压给水速度变化

三、试验区负压给水器田间测试及试验

图3-26中有四块田间试验区：一区是不同土壤试验；二区是蔬菜负压给水试验区；三区是局部盆栽试验；四区是不同负压给水器试验，共布置了22个不同负压给水试验。

1. 不同土壤给水试验

试验一区⑤⑥⑦不同土壤试验区，黏土、沙土、壤土的负压给水器埋深5cm、埋深15cm时试验土壤含水量及湿润范围。壤土：埋深15cm，土壤含水量及湿润范围，图3-26和图3-27是在负压给水器间距50cm，行距1m时在连续供水给水器轴线上土壤含水量分布图，图中看出，在没有消除压力影响下，远端土壤含水量偏低。沙土：测定土壤含水量及湿润范围，试验采用了沙丘上沙土，从试验中看出，此土非耕作土壤，土

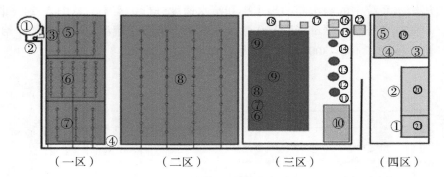

图 3-26　试验区布置

试验装置说明：

1. 低位水箱；2. 井；3. 水泵；4. 主管道；5. 黏土试验区；6. 沙土试验区；7. 壤土试验区；8. 垄作试验区；9. 花卉试验区；10. 办公桌；11. 土壤蒸发测筒 1；12. 土壤蒸发测筒 2；13. 土壤蒸发测筒 3；14. 水面蒸发测筒；15. 花卉松枝土试验箱；16. 花盆负压给水；17. 蔬菜给水器表层给水试验土柱；18. 花卉土负压给水；19. 两米方型试验箱；20. 100cm×200cm 玻璃试验箱；21. 100cm×100cm 玻璃试验箱；22. 20cm×20cm×100cm 玻璃试验柱

试验项目位置说明：（有背景色序号）

1. 单头负压给水器；. 双头负压给水器试验；3. 单头负压给水器微压试验 2；4. 单头负压给水器微压试验 1；5. 单头负压给水器微压试验 3；6. 大杜鹃蒸发试验；7. 草花蒸发试验；8. 黄杨蒸发试验；9. 模拟地面与微压给水土壤蒸发对比试验

壤漏水漏风，负压给水器行距缩小到 30cm，埋深 3cm，种植的油菜方出苗。黏土：测定土壤含水量及湿润范围，试验采用了山坡上黄黏土，此土也是非耕作土壤，土壤无结构漏风，先是负压给水器埋深 15cm，行距 100cm 间距 50cm，表层土壤湿度不足，种植的菠菜不出苗。后负压给水器行距缩小到 60cm，间距 50cm，埋深 3cm，种植的菠菜方出苗，但出苗率不足 60%。

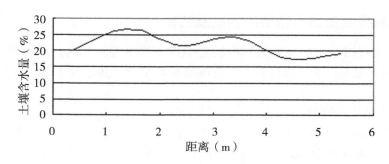

图 3-27　土壤含水量分布曲线

图 3-29 是各试区 10cm 深土壤含水量过程线，土壤试验⑤是黏土，试验⑥是两种沙土，⑦是壤土试验。该过程线是连续给水状态下过程线，试验⑥是在沙丘和山坡上挖

图 3-28　黏土给水器湿润分布

取的，前期土壤含水量很低，毛细扩散速度较慢。

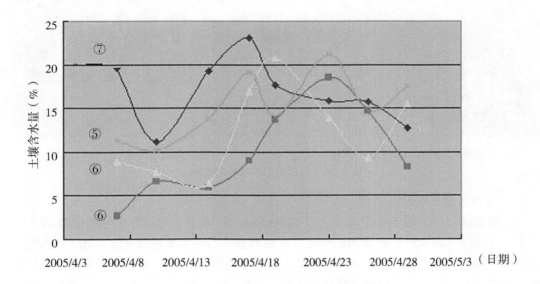

图 3-29　各试区 10cm 深土壤含水量过程

2. 负压给水系统田间给水效果试验观测

（1）蔬菜负压给水试验　二区垄作蔬菜试验区⑧与玻璃箱试验，图 3-30 是负压给水器湿润范围剖面照片，按该方法布置了蔬菜供水系统。该负压给水器渗透系数 0.002mm/s，经过 20 天试验，前期土壤湿度湿润缓慢，后期土壤含水量、湿润范围好，最后逐渐出现水势平衡，土壤含水量和湿润范围没有变化。

（2）花卉给水试验　三区是玻璃箱试验、花盆试验，试验给水量试验；四区是不同负压给水器给水效果试验。图 3-31 是负压给水器经过 20 天试验，在不同埋深微压与负压给水条件下，作物长势良好。

埋深15cm有压湿润范围　　　　负压埋深30cm湿润范围

图 3-30　负压给水器湿润范围剖面

从图 3-31 中看出不同埋深微压与负压给水试验蔬菜长势效果良好，负压连续给水能够满足作物需水要求。

黄瓜垄作负压连续给水试验　　　　　　花卉负压给水实验

图 3-31　负压给水作物长势效果

3. 负压系统运行状态

试验系统负压给水器采用渗透速度 0.0048mm/s，4 月 7 日开始给水，到 5 月 3 日结束，其间除有两天外，都是微压给水。主要因为采用给水器渗透速度太低，负压给水无法满足棚内土壤蒸发需要，为了满足表层出苗土壤湿度需要，所以基本采用了微压给水（水压在 4~6cm），在微压下负压给水器也能保持连续向土壤供水，但不会产生有压流动。在连续给水中给水正常，其中有两次停水，因浮球阀进入微粒杂质造成球阀失灵。

表 3-11　蔬菜试验

日期	主要工作	给水形式	给水压力（cm）	给水状态
2005/4/7	播种试验处理 1，2，3，4			灌水
2005/4/8—2005/4/11		连续	4~6	微压
2005/4/12—2005/4/13		连续	−5	负压
2005/4/13		连续	−5	负压

（续表）

日期	主要工作	给水形式	给水压力（cm）	给水状态
2005/4/14—2005/4/30		连续	4~6	微压
2005/5/1—2005/5/3		连续	4~6	微压

有 2 天负压给水，从排水尾管中看出尾管充满水，负压给水成立，但试验系统负压给水器采用渗透速度 0.0048mm/s，负压给水湿度偏低，故负压给水时间短，无法获得长时段考核。对长时段的运行问题需要再行多次试验。

4. 系统成本

试验种植小白菜、黄瓜、番茄、茄子等，土壤湿度满足了生长需要，根据试验装置推算，一亩温室大棚的负压给水系统造价 1 300元/0.067hm² （表3–12）。

表3–12　面积为 1 亩的大棚负压给水系统成本

项目	品名	规格	数量	单价（元）	一套金额（元）	0.067hm² 金额（元）
首部					489	244.5
	水泵	一吋 125 瓦自吸泵	1	150	150	75
	阀门	6 分球阀	3	5	15	7.5
	高位水箱	Φ60×H40	1	40	40	20
	低位水箱		1	40	40	20
	浮球阀		2	27	54	27
	过滤器		2	20	40	20
	其他				30	15
管网						608
	主管	12mm	100	2	200	200
	支管	4mm	600	0.6	360	360
	接头		200	0.04	8	8
	排水管	4mm	100	0.4	40	40
负压给水器						450
	负压给水器		1 800	1 800	0.25	450
合计						1 302.5

5. 研究成果分析

经过一年原理与试验研究，证明了负压给水系统原理是正确的，负压给水技术是可行的，这种技术具有节水、节能、成本低、自动化、省工等优点，是一条新的节水节能的作物给水方法。具体成果可归纳为以下几点。

（1）负压给水系统原理与试验　负压给水技术原理，是利用作物与环境水气运动力学系统，植物水分生理水势和土壤水中势能，吸取给水器中水分，水分由高势向低势流动。室内与田间试验证明了由负压给水器和首部压力控制系统在该技术操作下能实现这一理论过程。

（2）负压给水系统构成　负压给水系统由三部分组成。首部：水泵，阀门，高位水箱，低位水箱，其中水箱由箱桶，浮球阀，过滤器组成；管网：主管，支管，排水管；

（3）负压给水器　支管给水控制器，负压给水器。

（4）负压给水器与给水系统设计参数：

管路水力损失参数：在负压给水状态下，管道水力总损失要比有压给水小，在水压2m时，28m管道水力总损失15cm，而负压给水状态下管道水力总损失6cm（表3-13）。

表3-13　负压给水时管路水力损失　（单位：m）

测点	后视	前视	高差	距离
低水箱水面	1.34			
主管中点水位		1.38	−0.04	21
尾管		1.4	−0.06	28

（5）负压给水器布置参数　负压给水器水分在土壤中运动是非饱和状态，向下运动力是重力加土水势，向上运动力是土水势减重力，在苗期要求表层土壤含水量大，所以给水器埋深不宜深，试验中曾两次变换给水器埋深，才使油菜出苗。以下数据是这次试验和参照渗灌资料拟定。布置可参照表3-14和表3-15进行。

表3-14　给水毛管埋设深度参考值　（单位：cm）

作物	小白菜，菠菜等	黄瓜，番茄等	花卉、草坪等	喜干花卉	苗圃	果树
埋深	5~10	15~30	3~10	20~30	10~20	20~30

表3-15　给水毛管与给水器布置间距　（单位：cm）

土壤质地	耕作方式	黏土	壤土	沙土
毛管间距	畦作	80	60	50
	垄作	小垄隔行，大垄每行	小垄隔行，大垄每行	小垄隔行，大垄每行
给水头间距	畦作，垄作	50	30~50	30

（6）给水设计参数　对三种负压给水器给水函数进行测定，负压给水器给水函数

与给水水位、负压给水器渗透速度、土壤类别、土壤湿度、作物种植种类、作物生育期等因素有关，其中影响最大的是给水水位、负压给水器渗透速度、土壤湿度三大因素，从表3-16中可看出这种影响。

表3-16　负压给水器给水函数测定成果表（试验土壤壤土）

负压给水器名	GH-FGS1	GH-FGS1	GH-FGS2	GH-FGS3	GH-FGT1
渗透速度（mm/s）	0.002	0.002	0.008	0.015	0.33
埋深（m）	0.15	0.05	0.05	0.05	0.05
压力（水柱高，m）	2	-0.05	-0.2	-0.05	-0.05
给水后天数			给水量（mL/d）		
1	2 881.351	116.9982	472.8	592.4175	148.7172
2	877.2792	288.0482	562.632	773.8198	1 295.147
3	493.0548	187.4708	361.692	305.1971	989.1329
4	607.194	214.8388	241.128	305.1971	1 131.722
5	205.716	134.7874	145.386	138.9117	896.3889
6	230.2692	123.156	126.474	160.157	482.1053

从表3-17中看出，目前几种负压给水器可以基本满足各种作物需水要求。

表3-17　几种作物参考需水量

作物	日耗水量（mm）	需水量[mL/(d·m²)]
玉米田	6	6 000
花生田	3.5	3 500
白菜田	2.5	2 500
大棚	1	1 000

（7）效益分析参数　这次成果主要是负压给水技术的验证，该技术在农业中应用需进一步试验研究，下面参数是根据短期运行状态得出。

①节水效益：从负压给水的土壤湿度幅度和湿润范围看，节水效果比渗灌好，渗灌管附近土壤含水量大于土壤田间持水量。

②节能效益：负压给水压力在负压到微压之间变化，长期处于零压以下，能量消耗比滴灌、渗灌、微喷灌等有压灌溉都低。

③增产效益：负压给水过程与作物需水过程平行，最大满足作物需水要求，为作物创造最佳生长环境，增产增值效果要比渗灌好。

④成本效益：由于负压给水是连续的供水，供水管网要比其他灌溉管网的管径要小，设计流量也小，给水系统成本也低。

⑤运行管理：负压给水是靠作物自身需水来调节给水强度，自动化控制系统简单，操作方便，节省人工。

6. 负压给水技术优点

负压给水技术在节水、节能、精准、自动化、高效上满足了植物需水要求。负压给水系统是利用植物水分生理特性，利用土壤张力特性，实现植物对水分连续自动获取，改变间歇灌溉概念，变"灌"为"给"，变"断续"为"连续"，变人给的"被动"为植物获取的"主动"。负压给水系统是利用土壤张力将管道中水吸取到负压给水器中，然后再吸取到土壤中，代替现有灌溉中"喷灌、滴灌、渗灌、地面灌"的有压灌溉，称为负压代替有压，达到"节能"；以负压给水下土壤的非饱和运动，替代现有灌溉土壤的重力水运动，减少土壤渗漏和蒸发损失，达到"节水"；以植物连续主动从管道中需要多少吸取多少，需给平衡，代替现有间歇式灌溉，造成忽多忽少状态，达到"精准"与"自动化"，最终达到"高效"。

植物负压给水技术的物理体系核心是"负压给水器"，低压水泵，细小管道，简易水箱控制系统组成。而自动控制部分简单，没有复杂的监视器、传感器。系统不分大小是连续向管道中给水，只泵站靠压力控制自动启闭全系统，会大大促进农业灌溉自动化发展。与其他灌溉方法比较，负压给水具有节水、节能、低成本、高效率、好管理、全自动化等优点（表3-18和表3-19）。

表3-18　负压给水与其他灌溉方法比较

给水方法	供水方式	给水精度	自动化程度	给水参数及效率			
				一次定额（m³/0.07hm²）	湿润面积（%）	水利用效率（%）	相对地面灌节水（%）
地面灌		粗略	另加	>50	100	30~40	0
管道灌溉		粗略	另加	>50	100	50~65	25~30
喷灌	间歇给水	较细	半自动化	30~35	100	75~85	30~35
滴灌		较细	半自动化	15~20	60~70	90~95	55~65
微喷		较细	半自动化	20~30	100	80~90	35~40
微滴灌		较细	半自动化	15~20	60~70	90~98	55~65
渗灌		较细	半自动化	15~20	60~70	95~98	65~75
负压给水	连续给水	精准	全自动控制	6~10/10天	60~70	98~100	70~80

表3-19　负压给水与其他灌溉方法耗能与投资比较（2005年物价做对比）

给水方法	耗能（压力）		0.067hm²投资（元）						
	级别	压力（m）	基本工程费					自动控制费用	合计
			水源	首部	管网	给水器	小计		
地面灌	无压	地面	150		50		100~200	500	700
管道灌溉	低压	2~5	150		150	100	300~400	300	700

（续表）

给水方法	耗能（压力）		0.067hm²投资（元）						自动控制费用	合计
	级别	压力（m）	基本工程费							
			水源	首部	管网	给水器	小计			
喷灌	高压	30~80	250	100	500	150	800~1 000		400	1 400
滴灌	中压	10~20	250	270	800	900	2 000~2 200		400	2 600
微喷	中压	20~30	250	250	600	400	1 000~1 500		400	1 900
微滴灌	微压	0.5~1					1 500~1 800		400	2 200
渗灌	低压	2~10	250	250	1 000		1 000~1 500		400	1 900
负压给水	负压	低于地面	135	109	608	450	800~1 300		100	1 400

7. 负压给水技术在我国精准农业中的应用

我国加入世贸组织后，农业又面临世界农业市场的挑战，农业向精准高效发展，美国 20 世纪 80 年代初提出精准农业的概念和设想，20 世纪 90 年代初进入生产实际应用，部分技术和设备已经成熟和成型，在英国、德国、荷兰、法国、加拿大、澳大利亚、巴西等国家都有开展精准农业研究和应用的报道。日本、韩国等国家近年来已加快开展精准农业的研究工作，我国也已在各地开展试点。

负压给水技术是在我国农业现代化快速发展过程中自主创新成果，用创新理念，创新的技术，为作物需水提供最佳生长水分环境。该成果全部技术均属我国自主知识产权，其最为可贵的是全新理念、简单结构、最低成本、全自动系统，确能实现节水、节能、自动、精准、高效满足作物需水要求，这对我国资本薄弱的农业向精准农业和精准灌溉发展提供了可行的方向和可行的技术，对精准农业发展定会发挥促进作用。

8. 负压给水技术在我国节水灌溉中的应用

由于我国人口众多，随着国民经济发展与人民生活水平提高，我国的多种资源显露出明显不足，其中水、能资源更显严重缺乏。2003 年农业用水 3 433 亿 m³，占总用水量的 64.5%。2018 年全国有效灌溉面积达到 73 946 千公顷，节水灌溉 2.9 亿亩，2018 年全国用电量 6.84 万亿千瓦时，农村用电约 1.3 万亿千瓦时，为总用电量的 10.6%。我国灌溉水利用系数平均为 45%~50%，发达国家在 80%~90%，埃及灌溉水利用系数 70%。为扭转这一落后面貌，我国节水灌溉发展必须以提高灌溉水有效利用系数为中心，使我国灌溉生产接近发达国家水平。

负压给水技术的节水、节能效果优于其他灌溉方法，而自动化、精准化程度也高于其他灌溉方法。其更突出优点是成本低，在我国各项事业都需要大量资本投入的时期这项技术更显得急需。

第四章　微孔塑料挤出系统研制

在负压给水开发初期阶段，通过实验看出虽然水泥、陶瓷负压给水器能满足作物需水要求，也体现了负压给水的特性与优点，但产品不能实现工业化、自动化生产，与农业现代化大生产不相适应，故开展了第二阶段的开发，采用塑料作为负压给水器生产原料。由此首先需要突破微孔塑料及其挤出设备的研究。

第一节　负压给水与微孔塑料的关系

一、负压给水原理

1. 负压给水原理

负压给水的原理是给水器具有保持水分不轻易向外释放水分的能力，这种咽持（吸持）水分的能力称为负压能力，当把具有负压能力的给水器放进土壤，土壤中的吸水能力要小于负压给水器的吸持能力时，负压给水器中的水分维持静态，不向土壤中流动；但是当土壤吸水能力大于负压给水器的吸持水分能力时，负压给水器中的水分就向土壤中流动；当土壤与负压给水器中吸水能力相等时，两边水分处于平衡状态，供水系统中的水分停止供应。

微孔持水吸水能力：微孔吸水是由水分特性决定的，液体和固体接触两种物体表面，液体会随不同固体产生不同的表面张力，表面张力在多孔物体中会产生毛细现象，张力大小随空隙大小不同，毛细上升高度也不同，空隙越小，上升高度越高。

2. 给水器的负压能力

首先要使负压给水器充水（图4-1），当负压给水器充满水时，给水器的微孔与给水管网链接在一起（图4-2），两端同时受大气压力，处于平衡状态，但是当负压给水器与土壤水分连接时，就加入了土壤植物大气的水分循环系统，形成供水、土壤、植物、大气一体的水分负压流动系统。

二、微孔塑料管开发

负压给水的核心技术在于给水器的微孔结构，任何材质有了微孔结构，都能成为负压给水器的制作原料。但是适合灌溉管网应用的、能工业化生产的原料，较好的就是塑料制品。

1. 微孔负压给水塑料管发泡与开孔原理

这里的微孔塑料是指能够透水的具有毛吸能力的塑料，微孔塑料种类很多，用处广

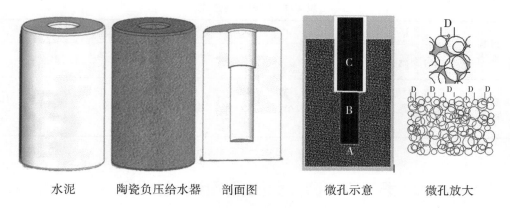

水泥　　陶瓷负压给水器　　剖面图　　微孔示意　　微孔放大

图 4-1　微孔给水器

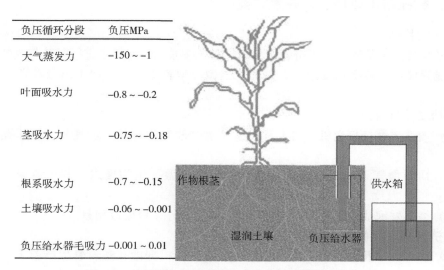

负压循环分段	负压MPa
大气蒸发力	−150 ～ −1
叶面吸水力	−0.8 ～ −0.2
茎吸水力	−0.75 ～ −0.18
根系吸水力	−0.7 ～ −0.15
土壤吸水力	−0.06 ～ −0.001
负压给水器毛吸力	−0.001 ～ 0.01

作物根茎　供水箱　湿润土壤　负压给水器

图 4-2　充水后负压给水器与土壤植物持水能力示意

泛。但这里研究的主要是用于负压给水需要的微孔，孔隙直径在 $10\sim50\mu m$。为了克服陶瓷负压给水器安装等不适宜工业化作业等缺点，需要深入开发塑料负压给水管，并且重点研究微孔塑料管的生产工艺。微孔塑料技术是由美国 Nam 教授在 1979 年提出，1984 年获专利。微孔塑料指塑料中泡孔直径小于 $30\mu m$ 发泡塑料。发泡塑料一般用聚氯乙烯加氮制取，泡孔直径在 $0.05\sim2mm$，发泡过程如表 4-1 所示。

2. 微孔塑料生成技术

这里的微孔塑料是指能够透水的具有毛吸能力的塑料，有孔负压给水管的生产工艺并没有先例，现有微孔塑料生产工艺大多都是不透水的微孔塑料产品，虽然有些微孔过滤产品，但没有管材生产技术。生产负压给水管成为开发项目。

微孔负压塑料管的生产技术由两部分组成：一是透气微孔发泡技术，二是塑料管成孔挤出设备研制。

表 4-1　物理发泡过程

过程顺序	1	2	3	4	5
	聚合物流	注入气体（液态或气态）	气体溶解	气体扩散泡孔生长	冷却定型
影响因素	螺杆间隙与转速（0.2~0.4mm）	气体类型、流量、注孔大小、压力	气体类型、压力、温度、浓度	气体类型、压力、温度、浓度	气体类型、压力、温度

第二节　微孔负压管挤出设备研究

一、微孔挤出成型设备开发方案

1. 研制目标

在采购与试装基础上，对挤管机与加气系统按微孔发泡要求进行配套与改装，使挤出设备能完成：一是微孔发泡，二是加工出微孔塑料管，三是加工出微孔负压给水塑料管。

2. 研制项目与内容

（1）改装单螺杆挤出机　与发泡设备配套，改装螺杆长、加气孔、测压孔、螺杆变形。

（2）研制加气系统　设备加气加压部件满足微孔发泡要求，其中有泵、罐、喷嘴等。

（3）微孔发泡成核装置　研制混合器、降压元件、口模成型具。

3. 挤出微孔发泡设备设计

（1）螺杆　微孔塑料管挤出机规格主要参数，根据微孔塑料管生产要求，单螺杆挤出机螺杆参数如表 4-2 所示。

表 4-2　微孔塑料管挤出机螺杆参数

名称	螺杆直径（mm）	螺杆长径比（L/D）	螺杆转速（r/min）	驱动功率（kW）	加热功率（kW）	冷却功率（kW）
数据	25	32：1	80	3	4	1

（2）加气孔、测压孔、螺杆变形　二氧化碳喷嘴，开口设在单螺杆挤出机 25 倍螺杆直径处。喷嘴装有逆止阀，控制阀可为简单或高级不等（图 4-3，表 4-3）。

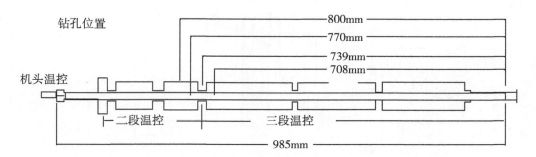

图 4-3　挤出机螺杆加工

表 4-3　钻孔参数

名称	轴长	筒长	测压孔 1	加气孔 1	测压孔 2	加气孔 2
距料筒中心（mm）	1 092	985	708	739	770	800
压力（MPa）			20		14	
钻孔位置			侧面	垂直	侧面	垂直
孔径			4分母累纹	4分母累纹	4分母累纹	4分母累纹
对螺杆设计要求	在第一加气孔前后压差要大于1/3熔融段压力					
	通过螺纹径距变化，满足气体只向前运动，不能向后运动，起到逆止阀作用。					
料筒温控分段	第一加气孔至加料口三段					
	第一加气孔至出料口二段					
	机头温度单控					

4. 挤出成型辅助设备

（1）加气系统方案一（低温冷储）　为满足柱塞泵加压要求，二氧化碳需要处在液态状态下，工业用二氧化碳分装小瓶后，无法较长时间保存在液态状态下，要达到较长时间保存在液态下，有两种方法：一种是将二氧化碳灌装在高压液态二氧化碳罐中，罐中液态二氧化碳可保存二三个月。二是小瓶二氧化碳输往柱塞泵过程中采取冷冻降温方法。二氧化碳到达柱塞泵时，二氧化碳已处在液态状态下，也能满足柱塞泵工作条件。图 4-4 是采用液态二氧化碳罐微孔发泡挤出设备系统图。

（2）加气系统方案二（降温冷冻）

加气系统方案二是采用冷冻设备对输往柱塞泵二氧化碳进行降温，使二氧化碳保持液态。

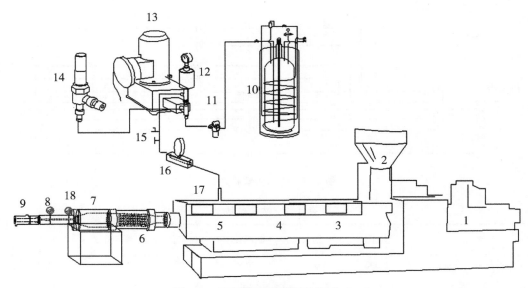

图 4-4 降温冷冻方案系统组成（一）

注：1. 变频电机；2. 加料斗；3. 混料段；4. 溶融段；5. 加气段；6. 静态混溶器；7. 稳定器；8. 加压与释压喷嘴；9. 成型与定型机；10. 高压液态二氧化碳气罐；11. 高压过滤器；12. 缓冲器；13. 柱塞泵；14. 安全阀；15. 排气阀与截止阀；16. 质量流量计；17. 加气单向喷嘴；18. 温度传感器

根据计算，在不考虑散热损失时，使二氧化碳达到−20℃时需要降温热容量为0.09kW，在表 4-4 中看到电冰箱制冷量，满足不了降温热容量的需要。而空调机远大于降温热容量的需要。故选择最小型号空调机，作为制冷机。采用制冷系统组成的微孔发泡挤出设备系统如图 4-5 所示。

表 4-4 冷冻设备参数

设备名称	规格	容量（kW）	制冷量（kW/h）	设计流量（kg/h）	降温热容量（kW/h）	CO_2 熵（+20∶−20）（kJ/kg）
空调机	QXC-17μ	1	2.824376			
电冰箱	100L	0.1	0.001781			
电冰箱	200L	0.14	0.003959			
柱塞泵	JX-28/3.8			3.8	0.09	2.13

二、微孔发泡系统辅助部件设计

1. 混合器

混合器是连接在二氧化碳注入后，为使气与塑料溶质混合更均匀，在螺杆后面加设静态混合器，气塑混合溶质混合在混合器中处在紊流状态，紧接混合器放置一段稳定

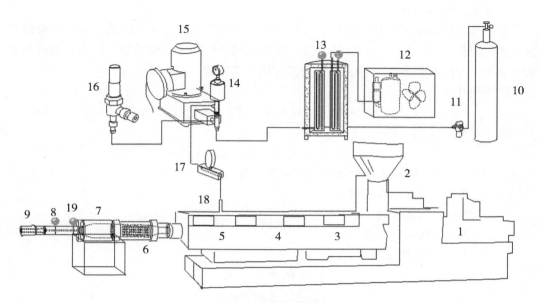

图 4-5　降温冷冻方案系统组成（二）

注：1. 变频电机；2. 加料斗；3. 混料段；4. 溶融段；5. 加气段；6. 静态混溶器；7. 稳定器；8. 加压与释压喷嘴；9. 成型与定型机头；10. 高压二氧化碳气罐；11. 高压过滤器；12. 制冷压缩机；13. 蒸发器与热交换器；14. 缓冲器；15. 柱塞泵；16. 安全阀；17. 质量流量计；18. 加气单向喷嘴；19. 温度传感器

器，起到正流作用。取用 10 倍料筒直径。混合器类型采用螺旋叶式，如图 4-6。挤出机统计参数见表 4-5。

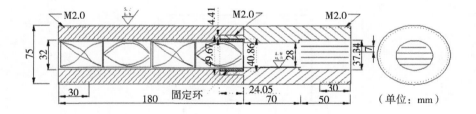

图 4-6　螺旋叶式混合器

表 4-5　挤出机设计参数

电机调频 （HZ）	牵引速度 （HZ）	挤出塑料 （g/min）	挤出管长 （m/min）	通过每米历时 （min/m）	每时通过每米 长通过流量 [g/(m·h)]
24	7.9	54.84	5.2	0.192308	366.84
34	12	78.75	8.34	0.119904	579.15
45	21	100.96	15.26	0.065531	1 016.56

2. 加压与释压喷嘴

根据气液混合物成核理论研究，泡孔半径 r 与泡孔内压力呈正相关，提高气液混合物中加气泡孔压力，是发泡密度的关键。在机头模具中加设成核喷嘴是提高液混合物中加气泡孔压力的有效方法（参见下面公式和图4-7和图4-8，表4-6）。

最终泡孔半径 r：

$$r = \left[3nRT/(4\pi(N(P_s, T) \times P)) \right]^{(1/3)} \qquad (4-1)$$

泡孔总数 N（P_s, T）

$$N(P_s, T) = 3nRT/(4\pi \times r^3 \times P) \qquad (4-2)$$

式中：n——为溶解在聚合物中气体的物质量

$\qquad$ N——成核泡孔总数

$\qquad$ R——气体常数

$\qquad$ P——泡孔内压力

$\qquad$ P_s——饱和压力

$$A_1 \times U_1 = A_2 \times U_2$$
$$P_0 = U^2 \times \rho/2 + P$$
$$P_1 = U_2 1 \times \rho/2$$
$$P_2 = U_2^2 \times \rho/2$$

式中：$A_1 A_2$——喷嘴前后流道截面

$\qquad$ $U_1 U_2$——喷嘴前后流道流速

$\qquad$ $P_1 P_2$——喷嘴前后流道动压力

$\qquad$ ρ——流质密度

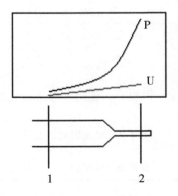

图4-7 喷嘴前后流道动压力

表 4-6　喷嘴前后流道参数

喷嘴前直径	喷嘴直径	喷嘴前流道截面	喷嘴流道截面	喷嘴前流道流速	喷嘴流道流速	喷嘴前流道动压力	喷嘴流道动压力
D	D1	A1	A2	U1	U2	P1	P2
mm	mm	mm²	mm²	m/S	m/S	m	m
10	0.3	78.5	0.2826	0.254333	70.64815	0.025874	1996.464

根据上述原理，将喷嘴设计成如图 4-8 结构（图 4-8）。

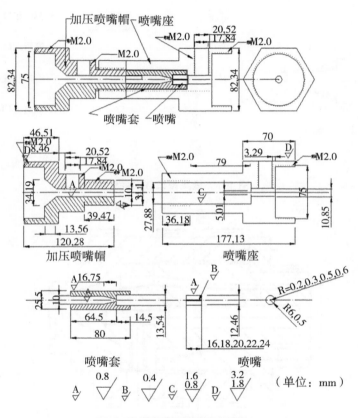

图 4-8　加压与释压喷嘴设计

三、口模成型具与冷确定型

微孔发泡要求与一般塑料管模具尺寸基本相同，故暂不修改管型模具。参见图 4-9 和图 4-10。冷却定型按常规制作，如图 4-10 所示。

发泡管模具要求如下式。

$$D_K = \lambda \times D_w \tag{4-3}$$
$$L_1 = (0.5-3) \times D_w$$

式中：

L_1——口模定型长度

D_K——口模内直径

λ——与塑料性质有关经验系数（0.94~0.99）

D_w——微孔塑料管直径

模具由模唇出口到模具入口流道截面变化曲线要流畅圆滑，如图 4-9 至图 4-11 所示：

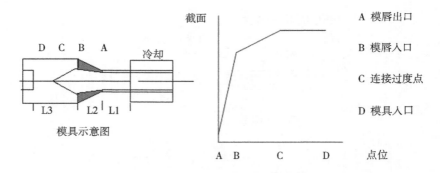

图 4-9　模具模口截面变化图

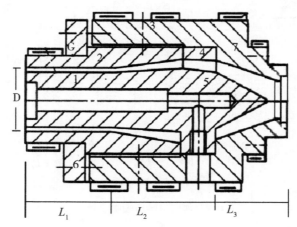

1.芯棒；2.口模；3.调节螺钉；4.分流器支架；
5.分流群；6.加热器；7.机头体

$L_1 = (0.5-3) \times D$　$L_2 = (1.5-2.5) \times D$　$L_3 = (1-2) \times D$

图 4-10　一般挤管机模具

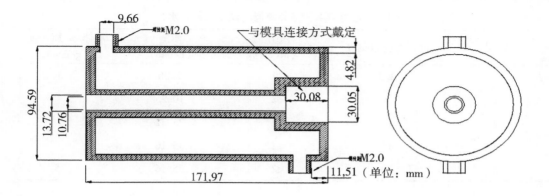

图 4-11　塑料管冷确定型套管

四、加气喷嘴

加气喷嘴孔径影响初始混入气泡孔径，但要满足加入气流量要求（图 4-12，表 4-7）。

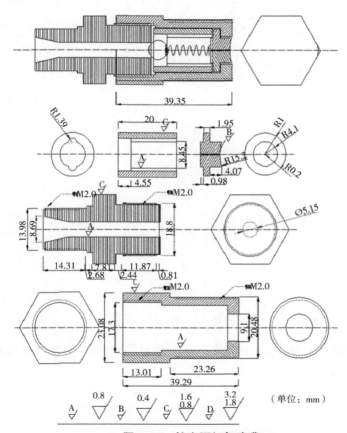

图 4-12　柱塞泵加气喷嘴

表 4-7　柱塞泵实测液体流量（试验流质为水）

项目	泵设置流量刻度	压力（MPa）	实测（g/min）	液体 O_2 加入量（g/min）
1	2.5	<2	2.26	2.5
2	5	<2	10.25	
3	10	<2	23.32	
4	15	<2	35.16	
5	20	<2	55.16	8.75

五、换热器

换热器是冷却系统主要部件，它将空压机制冷量传递给二氧化碳输送管路。换热器由四部分组成，即空调机蒸发器、铜管栅、小风机、包装钢筒（图4-13）。

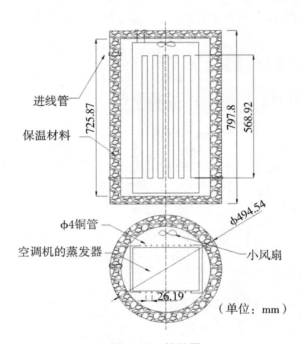

图 4-13　换热器

由于二氧化碳输送系统是高压系统，所以要对采用的铜管强度进行校核（图4-14）。计算公式如下：

$$\sigma_r = -p$$

$$\sigma_Q = R \times (a^2 + b^2)/(b^2 - a^2) \qquad (4-4)$$

$$P = (b^2 - a^2)/(2 \times b^2) \times \sigma \qquad (4-5)$$

式中：σ_r、σ_Q 径向与环向应力，a、b 是铜管内外直径，R 铜抗拉应力、P 是管可承

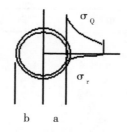

图 4-14 铜管内力计算

受压力。

换热器（图 4-14）传热计算很复杂，计算原理略，计算结果列在表 4-8 至表 4-10 中。

表 4-8 流体外掠圆管换热面传热系数

指标		单位	公式	铜管外
传热系数	h	W/(m²·k)	$h = Nu \times \lambda / L$	45.18486
热导系数	λ	W/(m·k)		0.0226
换热准则	Nu		$Nu = 50.24 \times Re^{0.63}$	39.9866
雷诺准则	Re		$Re = ul/\nu$	3361.345
流体运动速度	u	m/s		2
流体运动黏度	ν	m²/s		1.19E−05
换热器壁面尺寸	L	m		0.02

注：流体运动速度是在加设风机下的速度

表 4-9 流体掠圆管换热内面传热系数

指标	符号	单位	公式	铜管内
传热系数	h		$h = Nu \times \lambda / L$	1 296.21
热导系数	λ	W/(m·k)		0.63
换热准则	Nu		$Nu = 0.023 \times Re^{0.8} \times Pr^{0.4}$	62.22
雷诺准则	Re		$Re = ul/\nu$	8 379.89
普朗特准则	Pr		$Pr = \mu \times Cp / \lambda$	5.42
流体运动速度	u	m/s		0.50
流体运动黏度	ν	m²/s		0.00000179
换热器壁面尺寸	L	m		0.03

表 4-10　换热器设计计算

材质		单位	公式	铜管
型号				T2、T3、TP1、TP2
换热量	φ		$\varphi = A \times k\Delta t$	161.712
热导系数	λ	W/(m·k)	1	100
传热厚度	σ	mm		0.001
换热系数	k	W/(m²·k)	$k = 1/(1/h1 + \sigma/\lambda + 1/h2)$	42.91
温差	Δt	℃		20
管长	L	m		10
管内径	d1	m		0.004
管外径	d2	m		0.006
面换热系数	h1	W/(m²·k)		1 296
	h2	W/(m²·k)		45.184

六、加热器设计

在原有挤出机之后新添成孔机头部分，需要添加加热器（表 4-11 和表 4-12）。按需要控制结构组成，计划新加两处加热器：一处在混合器位置，另一处在加压与释压喷嘴处（图 4-15）。加热器容量 W 按以下公式估算：

$$W = K \times [R \times (t_1 - t_2) \times Q \times L + R_T \times (t) \times VT] \tag{4-6}$$

式中：R——液相比热 kJ/(kg·℃)（3.345）

$t_1 - t_2$——流过 L 长度温度降℃，需要补充温度

Q——流过热溶质量 kg/(h·m)（1.01656）

L——加热器负担热溶质流过长度 m（0.5）

K——安全系数（2）

R_T——钢材比热 kJ/(kg·℃)（0.47）

T——塑料 LDPE 熔点温度（120）

V——加热器负担 L 段机具重量 kg

表 4-11　加热器选择

项目	单位	数值
挤出机功率	kg/h	3.8
挤出塑料	kg/(h·m)	1.01656
达到挤出温度需要的热量	kJ/kg	460.23

（续表）

项目	单位	数值
每米需要加热量	kJ/（m·h）	467.8514088
	kW/（m·h）	0.137116615
静态混合器长	0.5m	0.020567492
加压喷嘴长	0.1m	0.013711662
混合器段达到和保持挤出温度需要的热量	kW	0.272
加压与释压喷嘴段达到和保持挤出温度需要的热量	kW	0.236
选择加热器容量	W	2×300
	kJ	1.055
换算	BU	1
	kW	0.000293077
混合器内径与长	mm	75×150
加压喷嘴内径与长	mm	53×100

表 4-12 （H、L）DPE、钢材物理性能

项目	单位	HDPE	LDPE	钢材
松密度	g/cm³	0.54		
密度固相	g/cm³	0.93~0.97	0.91~0.93	
密度液相	g/cm³	0.93~0.98	0.79	
结晶度		80~95	65~75	
分子量		10 000~350 000	25 000	
物理压缩比		1.78		
熔点	℃	126~135	108~125	
导热系数固相	w/（m·k）	0.43~0.51	0.3492	49.8
导热系数液相	w/（m·k）		0.1821	
比热固相	kJ/（kg·℃）		2.512	0.47
比热液相	kJ/（kg·℃）		3.345	
熔融潜热	kJ/kg		129.8	
达到挤出温度需要的热量	kJ/kg	690（220）	460.23	
拉伸强度	MPa	20~40	10~25	
断裂伸长率	%	20~100	100~600	

（续表）

项目	单位	HDPE	LDPE	钢材
缺口冲击强度	kJ/m	10~30	20~50	

七、微孔挤出成型设备系统总装

1. 微孔发泡机头总装剖面图

如图 4-15 所示。

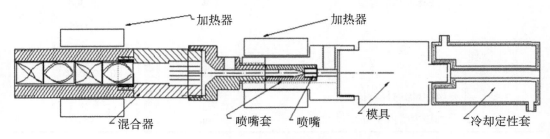

图 4-15　微孔发泡机头总装剖面

2. 换热器与微孔挤出成型设备系统总装效果图

效果图如图 4-16 至图 4-18 所示。

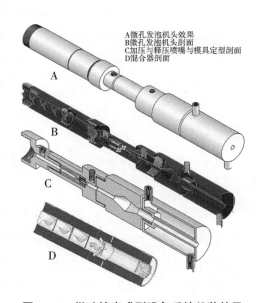

A微孔发泡机头效果
B微孔发泡机头剖面
C加压与释压喷嘴与模具定型剖面
D混合器剖面

图 4-16　微孔挤出成型设备系统总装效果

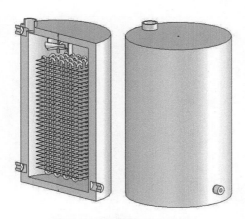

图 4-17　换热器总装效果

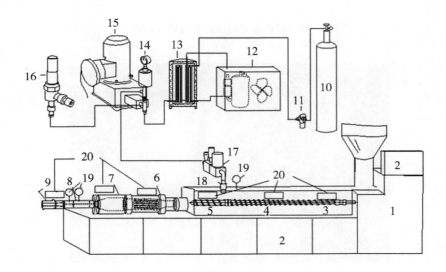

图 4-18　微孔塑料挤出系统

1. 变频电机；2. 控制箱与控制中心；3. 混料段螺杆与机筒；4. 熔融段螺杆；5. 加气段螺杆与止回阀；6. 静态混溶器；7. 稳定器；8. 气液喷嘴与过滤器；9. 成型与定型机头；10. 二氧化碳气罐；11. 过滤器；12. 制冷压缩机；13. 热交换器；14. 缓冲器 15. 柱塞泵；16. 安全阀；17. 微调阀、压力传感器、电磁阀；18. 加气喷嘴；19. 压力传感器；20. 加热器与温度传感器。

3. 控制系统图

该系统是实验制作微孔负压管的塑料挤出机系统，是在塑料挤出机的基础上，根据上述补充设计，改装而成。控制系统根据需要做了部分添加，但系统没有脱离手动控制原系统（图 4-19 至图 4-22）。

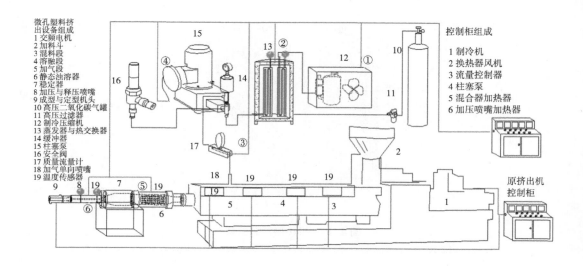

微孔塑料挤
出设备组成
1 交频电机
2 加料斗
3 混料段
4 溶融段
5 加气段
6 静态油溶器
7 稳定器
8 加压与释压喷嘴
9 成型与定型机头
10 高压二氧化碳气罐
11 高压过滤器
12 制冷压缩机
13 蒸发器与热交换器
14 缓冲器
15 柱塞泵
16 安全阀
17 质量流量计
18 加气单向喷嘴
19 温度传感器

控制柜组成

1 制冷机
2 换热器风机
3 流量控制器
4 柱塞泵
5 混合器加热器
6 加压喷嘴加热器

原挤出机
控制柜

图 4-19   微孔发泡挤出设备自动控制系统

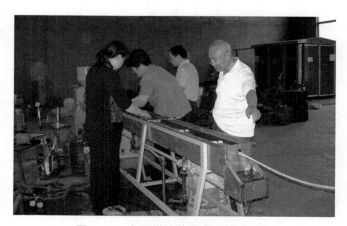

图 4-20   负压微孔管挤出系统试生产

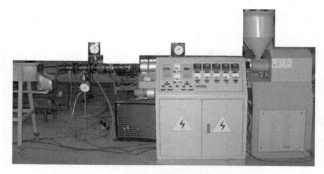

图 4-21   负压微孔管挤出系统挤出机正面

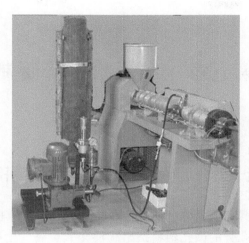

图 4-22 负压微孔管挤出系统挤出机背面

第五章 负压给水管研制

第一节 微孔塑料负压给水管研制

本节主要介绍研究具有负压给水器功能的微孔负压给水塑料管的开发过程及研究成果。其中包括能生产微孔管的微孔塑料挤出（注塑）设备、生产微孔塑料的生产工艺和用料。

一、开发研究方案

（一）微孔负压给水管开发的技术路线

1. 微孔负压给水管技术指标

材料为 MPC（微孔塑料），二氧化碳；管径为内径 4~6mm，外径 5~7mm；工作压力为 0MPa，管抗压能力为 0.2MPa；流量为 5~20L/（日·点段）（每米长 3 点段）；微孔的孔径小于 50μm。

2. 微孔负压给水管微孔塑料试验处理

选择影响成孔的主要因素，包括料筒温度、模具温度、二氧化碳加入量、料筒内压力。选用正交试验处理，四因素三水平。正交试验处理组合与处理水平列在表 5-1 和表 5-2 中。

重点是通过改变影响微孔因素，获得微孔负压管，符合开发指标，采用技术研发路线如路线图 5-1 所示。

表 5-1 微孔负压给水管微孔塑料试验处理组合

处理	对应因素试验处理内容			
	料筒温度	模具温度	二氧化碳	压力
1	1	1	1	1
2	1	2	2	2
3	1	3	3	3
4	2	1	2	3
5	2	2	3	1
6	2	3	1	2

（续表）

处理	对应因素试验处理内容			
	料筒温度	模具温度	二氧化碳	压力
7	3	1	3	2
8	3	2	1	3
9	3	3	2	1

表 5-2　微孔负压给水管微孔塑料试验处理各因素水平

处理	处理因素			
	料筒温度（℃）	模具温度（℃）	二氧化碳（MPa）	压力（MPa）
1	150	180	8	10
2	180	210	11	15
3	210	240	14	20

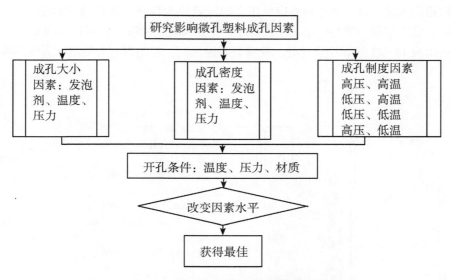

图 5-1　微孔负压管研究技术路线框

3. 测定项目

微孔塑料管每米长微孔数；微孔孔径，即最大值、最小值、平均值；微孔负压，即水柱高厘米；微孔塑料管渗透速度，单位为 L/（m·h）；微孔负压给水管抗压强度、抗拉强度；微孔负压给水管重量，单位为 g/m。

4. 研究路径

通过不断修正影响成孔因素的试验处理，试生产的微孔塑料管逐步获得理想效果，获得各因素的最佳组合，这一思路的操作过程可用框图表示（图 5-1）。

（二）微孔管的微孔塑料挤出（注塑）设备开发的技术路线

微孔塑料是在塑料挤出过程中加入发泡剂，发泡成孔过程对挤出机有些特殊要求，需要对挤出机进行改装。

1. 设备组成

在图5-2中共13部分，与一般挤出机不同的是多了3、4、5、13四项，但在2、6项目中要做修改。

图5-2　微孔塑料管挤出机组成

1. 料斗；2. 挤出机；3. 发泡剂罐；4. 计量泵；5. 喷嘴；6. 模具；7. 冷却1；8. 冷却2；9. 牵引；10. 切割；11. 打印；12. 卷盘；13. 控制柜

2. 新增项目

①二氧化碳真空瓶。用作装载液态二氧化碳发泡剂，其结构如图5-3所示。②计量泵。可计量调压泵，将二氧化碳按设计压力和流量注入料筒。③自动控制柜。具有编程、数据储存、自动控制功能与手动两用控制柜。④二氧化碳喷嘴。二氧化碳喷嘴，开口设在单螺杆挤出机16~22倍螺杆直径处。喷嘴装有逆止阀，控制阀可为简单或高级不等。

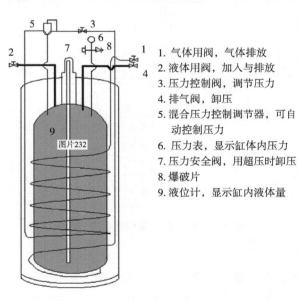

1. 气体用阀，气体排放
2. 液体用阀，加入与排放
3. 压力控制阀，调节压力
4. 排气阀，卸压
5. 混合压力控制调节器，可自动控制压力
6. 压力表，显示缸体内压力
7. 压力安全阀，用超压时卸压
8. 爆破片
9. 液位计，显示缸内液体量

图5-3　二氧化碳罐组成

3. 挤出机改装

微孔塑料管挤出机规格主要参数要根据微孔塑料管生产要求确定，单螺杆挤出机螺杆参数如表5-3所示。

表 5-3　微孔塑料管挤出机螺杆参数

名称	螺杆直径	螺杆长径比	螺杆转速	驱动功率	加热功率	冷却功率
单位	mm	L/D	r/min	kW	kW	kW
数据	60	28~30：1	80	20	18	24

此外在螺杆计量段前，装有密封环，密封环与料筒间隙为 0.381~1.43mm。

（三）微孔管的挤出（注塑）工艺开发的技术路线

1. 挤出微孔塑料管配方

取用滴灌用 PE 软管标准配方（表 5-4），按微孔塑料加入发泡剂。

表 5-4　PE 负压微孔塑料透明给水管配方

序号	原料名	中文名	作用	分量	备注
1	PE	聚乙烯	主料	100	滴灌用黑软管
2	CO_2	二氧化碳	发泡剂	8~15	

2. 挤出微孔塑料管生产过程

微孔塑料生产过程与塑料管生产过程基本相同，只增加了发泡剂的注入过程，两者工艺差别主要在生产因素控制指标上，其中温度、压力、螺杆转速有差别（表 5-5）。

表 5-5　挤出微孔塑料管生产过程参数表

工序	单位	聚乙烯管	微孔聚乙烯管
熔融段	℃	120~130	120~130
均化段	℃	110~120	110~120
混炼头	℃	90~100	100~110
模体	℃	150	180
口模	℃	130~140	150~160
冷却定型		正常	正常
CO_2 注入口压力			17~22
料筒内压力		2~25	2~15
机头背压	MPa	25~30	15~20
螺杆转速	r/min	16	12~16

（四）挤出微孔塑料管自动控制程序

由于微孔塑料管制作比普通塑料管要复杂，温度、压力在熔融段、均化段、计量段、机头处要严格控制，自动化程度要高些，二氧化碳输送系统、温度压力系统，都需要测定、监测、控制（图 5-4 和图 5-5）。

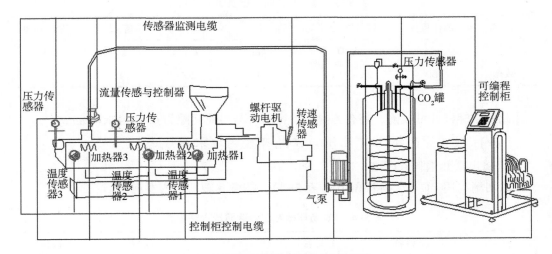

图 5-4　微孔塑料管挤出机控制系统

控制可设计为三种档次，手动控制、PLC 控制、电脑控制。限于资金，该试制采用手动控制试验生产。

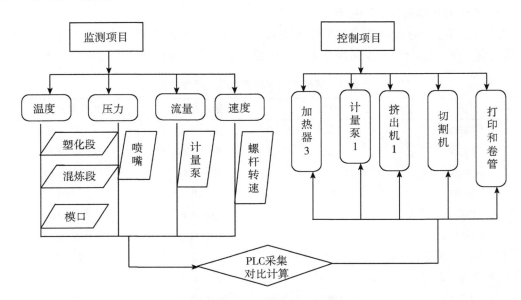

图 5-5　微孔塑料管挤出机控制系统

二、微孔负压给水塑料管开发研究数学模型

（一）建立数学模型的目的与依据原理

1. 建立数学模型目的

①在开发研究中指导研究方向；②在开发研究中制订具体工艺及试验方案；③为微

孔塑料的生产自动控制提供数学模型。

2. 微孔负压给水塑料管工作原理

①微孔负压给水管供水原理，在灌溉时管中充满水，土壤依它的负压从管中摄取水分，这就要求塑料管管壁要具有透水不透气性能。②微孔不透气性原理，有孔就能透气，空气分子小于水分子直径，但当微孔被水膜覆盖后，微孔上水膜就阻挡了空气的进入。③微孔负压给水对微孔的要求，在给水过程中，管道水压处在零压到负压状态。要求在负压时，微孔上水膜不破裂。

3. 微孔负压给水塑料管发泡与开孔原理

①微孔塑料技术：微孔塑料技术是美国 Nam 在 1979 年提出，1984 年获专利。微孔塑料指塑料中泡孔直径小于 $30\mu m$ 的发泡塑料。②发泡塑料：聚氯乙烯发泡塑料早在二战德国最先开发，美国 1941 年提出用氮气制取聚乙烯发泡塑料。德国巴斯夫公司 1970 年前后用预发泡的聚乙烯珠粒制成聚乙烯发泡塑料。发泡塑料泡孔直径在 $0.05\sim2mm$。③物理发泡过程：表 5-6 中列出发泡顺序过程及每个过程的影响因素。

表 5-6 物理发泡过程

过程顺序	1	2	3	4	5
过程	聚合物流	注入气体（液态或气态）	气体溶解	气体扩散泡孔生长	冷却定型
影响因素	螺杆间隙与转速（0.2~0.4mm）	气体类型、流量、注孔大小、压力	气体类型、压力、温度、浓度	气体类型、压力、温度、浓度	气体类型、压力、温度

4. 相关资料

相关数据资料见表 5-7 至表 5-10。

表 5-7 气体在聚合物中的溶解度（200℃ 27.6MPa）与扩散系数（cm^2/s）

气体 聚合物	CO_2		N_2	
	溶解度（%）	扩散系数	溶解度（%）	扩散系数
PE	14	2.6×10^{-6}	4	8.8×10^{-7}
PP	11	4.2×10^{-5}	3	3.5×10^{-5}
PS	11	1.3×10^{-5}	2	1.5×10^{-5}
PMMA	13		1	

表 5-8 不同厚度不同扩散系数扩散时间

厚度（μm）	扩散系数			
	$10^{-5}cm^2/s$	$10^{-6}cm^2/s$	$10^{-7}cm^2/s$	$10^{-8}cm^2/s$
1	1×10^{-3} s	0.01s	0.1s	1s

（续表）

厚度（μm）	扩散系数			
	$10^{-5} cm^2/s$	$10^{-6} cm^2/s$	$10^{-7} cm^2/s$	$10^{-8} cm^2/s$
10	0.1s	1s	10s	100s
100	10s	100s	17min	3h
1 000	17min	3h	28h	12d

表5-9　纯化合物的临界点

溶剂	临界温度（℃）	临界压力（$10^5 Pa$）	溶剂	临界温度	临界压力（$10^5 Pa$）
二氧化碳	31.1	72.2	氟利昂-12	115.7	40.1
环氧乙烷	280	40.2	丙烯	91.9	45.6
乙烯	9.3	49.7	水	374.2	217.6

表5-10　高分子黏流活化能

材料名称	E_η（kJ/mol）	材料名称	E_η（kJ/mol）
HDPE	26.3~29.2	PET	79.2
LDPE	48.8	PS	104.2
PP	37.5~41.7	PC	108.3~125
PB	19.6~33.3	AS	104.2~125
聚异丁烯	50~62.5	ABS	108.3

（二）数学表达方式

1. 扩散系数（α）

$$\alpha = \alpha_0 \exp\ (-E_\eta/RT) \tag{5-1}$$

E_η——活化能（HDPE27 kJ/mol）

R——气体常数8.3144J/（mol·k）

T——绝对温度（273.15+t）——t摄氏温度

α_0——提前参量，又称频率因子。α_0 与 α 有相同的量纲

$\alpha_0 = \alpha/\exp\ (-E_\eta/RT)$

$= 2.6\times10^{-6}/\exp\ \{-27\,000/[8.314\times(273.15+200)]\}$

2. 扩散时间 t

$$t \approx L^2/\alpha \tag{5-2}$$

最终泡孔半径 r

$$r = [3nRT/(4\pi[N(ps,\ T) \times p])^{(1/3)} \tag{5-3}$$

3. 泡孔总数 N (ps, T)

$$N (ps, T) = 3nRT/ (4\pi \times r^3 \times p) \tag{5-4}$$

n——为溶解在聚合物中气体的物质量

N——成核泡孔总数

R——气体常数

p——泡孔内压力

ps——饱和压力

4. 气体运动方程

生产中将低温高压下二氧化碳注入热溶塑料溶液，随着螺杆旋转向前推移，同时互相交融。二氧化碳气泡在运移中的状态，可用气体的温度 T、压力 p 和比体积 v 三个基本参数来描述。理想气体的三个参数之间有着一定函数关系，在 19 世纪由物理学家波义耳—马略特 $[v=f(P)]$、盖—吕萨克 $[v=f(T)]$ 和查理 $[P=f(T)]$ 所发现，这三人定律可合写为：

$$Pv = RgT \tag{5-5}$$

式（5-5）称为理想气体状态方程式，1834 年由克拉贝龙（Clapeyron）首先导出，对质量为 m 的理想气体，状态方程式的形式改为：

$$PV = mRgT \tag{5-6}$$

式中：P——为气体的绝对压力（Pa）

v——为气体的比体积（m^3/kg）

V——为气体所具有的体积

T——为气体的热力学温度（绝对温度 K）

Rg——为气体常数 $[J/(kg \cdot K)]$

超临界二氧化碳气泡在塑料溶液中不断变化，可看作两种液体在熔融，超临界二氧化碳是溶质，塑料溶液为溶剂，两者进行熔融反应，这种变化反应速度可用瑞典物理化学家阿列纽斯（Arrhenius）于 1889 年提出反应速度常数与温度的关系，人们称 Arrhenius 经验公式：

$$K = A \times \exp[-Ea/(RT)] \tag{5-7}$$

K——扩散速度（cm^2/s）

Ea——活化能（对于 HDPE 塑料 Ea 等于 27kJ/mol）

R——气体常数 $8.3144J/(mol \cdot t)$

T——绝对温度（273.15+t）——t 摄氏温度

A——提前参量，又称频率因子。A 与 K 有相同的量纲，根据 Park（1993）试验成果，pe 塑料值上式可写成：

$$K = A \times \exp[-Ea/(RT)] \tag{5-8}$$

对 5-8 式两侧取对数：

$$Ln(K) = Ln(A) + [-Ea/(RT)] \tag{5-9}$$

将表 5-4 二氧化碳 HDPE 塑料 K 值按式 5-1-10 式绘制 Ln（K）-1/T 曲线关系图，用内插可计算出不同温度下的 K 值。

气泡在塑料溶液中扩散时间 t_k 可用下式近似计算:

$$t_k \approx Lr^2/K \tag{5-10}$$

Lr——泡孔周围可能厚度

K——气体扩散速度

5. 泡孔生成

在 Δtk 时间内机筒中气泡总数的体积与加气系统注入气体是相等的,因为它是一个连续体。由此机筒中气泡总数的体积为 V:

$$V = \sum_{k=0}^{n} \frac{4}{3} \times \pi r_k^3 = N \times \frac{4}{3} \times \pi r^3 \tag{5-11}$$

式中: r_k——不同 n 个气泡泡孔半径

r——n 个气泡泡孔平均半径

N——气泡总数

而 Δt_k 时间内加气系统注入气体体积,按 5-6 式可写成:

$$V = n \times \frac{RT}{p} \tag{5-12}$$

式中, n 是泵体 Δt_k 时间内加气系统加入流量和

将 5-11 和 5-12 两式连接可导出最终泡孔总数 N 计算式:

$$N = 3nRT/\ (4\pi r^3 P) \tag{5-13}$$

n——为溶解在聚合物中气体的物质量

N——成核泡孔总数

R——气体常数

P——泡孔内压力

在成核段,根据流体动力学平衡,最后气泡内向外压力应与在周围形成塑料球体表面张力与溶液的拉伸力之和相平衡。

可写成下式:

$$\lim b\text{->} f_b = \Delta 1 + \Delta 2 \tag{5-14}$$

$$f_b = \lim b\text{->} 2\ r \times b \times\ (Pn - Pw) \tag{5-15}$$

$$\Delta 1 = \lim b\text{->} \delta_b \times 2\pi r/2 = \delta_b \times \pi r \times b \tag{5-16}$$

$$\Delta 2 = \lim b > \eta \dot{\gamma} \times \Delta f = \eta\ \dot{\gamma} \times b \times h \tag{5-17}$$

式中:

Δp——作用在气泡最小宽度 b 上一侧内压力

f_b——气泡最小宽度上一侧内压力

Pn——气泡内压力

Pw——气泡外压力

r——气泡半径

$\Delta 1$——塑料溶液表面张力

δ_b——塑料溶液球体表面张力系数

b——取塑料溶液球截面级小宽度

η—拉伸黏度

$\dot{\gamma}$——气泡扩散速率，速度与半径比（v/r）

Δf—泡孔破坏截面面积

h——泡孔破坏截面厚度

将 1-15、1-16、1-17 三式代入 1-14 得：

$$r = (\eta \dot{\gamma} \times h) / \{[2(Pn - Pw) - 3.14\delta_b)]\} \qquad (5-18)$$

由式 5-18 看出泡孔直径与随着温度 η 黏度 A（扩散速率）δb（表面张力）$pn-pw$（气泡内外压力差）密切相关。由熔体热力学方程可知，黏度、扩散速率、表面张力都是温度、压力的函数，国内外很多人对高分子聚合物热力学进行试验和研究，得出可参照结果（图 5-6 和图 5-7）。

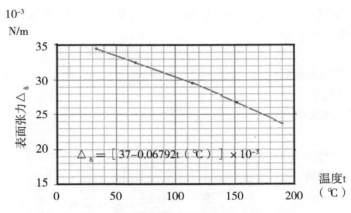

图 5-6　聚乙烯表面张力系数与温度相关图

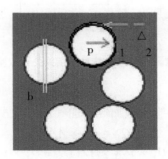

图 5-7　泡孔动力平衡示意

6. 混合溶液黏度

在 5-18 式中的黏度是影响成核气泡大小的重要参数，黏度随温度和压力的关系也遵从阿列纽斯（Arrhenius）公式（图 5-8 和图 5-9），按牛顿溶体可用式 5-19 和式 5-20 表达：

$$\eta = \eta_0 \exp\left[\frac{Ea}{R} \times (t_0 - t)/(t_0 \times t)\right] \tag{5-19}$$

$$\eta = \eta_0 \exp\left[\frac{V}{RT}(Pn - Pw)\right] \tag{5-20}$$

V——熔体的流道容积

η_0——为初始黏度

t_0——初始点溶液热力学温度

t——初终点溶液热力学温度

Ea——活化能

R——气体常数

7. 扩散速率

在 5-18 式中的扩散速率 $\dot{\gamma}$，决定成核器孔径与扩散段机筒直径有关，在高压下释放历时很短，写成下式计算：

$$\dot{\gamma} = v_h / r_h = \left[(Dr - r_h)/\Delta t\right]/Dr \tag{5-21}$$

Dr——扩散段机筒半径

r_h——成核器孔半径

Δt——扩散释放历时

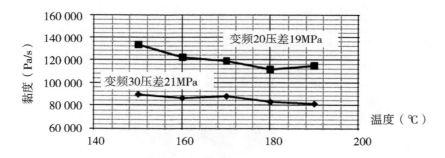

图 5-8　高密度聚乙烯黏度与温度相关关系试验　　2007 年莱芜

8. 加气量

加气：微孔负压给水塑料管发泡加气，加气量由下式确定：

$$Q_Y = Q_S \times A/\gamma_2 \tag{5-22}$$

$$V_N = (Q_Y \times \nu \times \gamma_2)/(Q_S + Q_Y \times \nu \times \gamma_2) \tag{5-23}$$

式中：

Q_Y——注塞泵二氧化碳液体流量（cm^3/s）

V_N——微孔孔隙率%

Q_S——挤管机溶体流量（cm^3/s）

ν——为气体的比体积

A——二氧化碳溶解度

γ_2——二氧化碳液态比重 1 178kg/m³

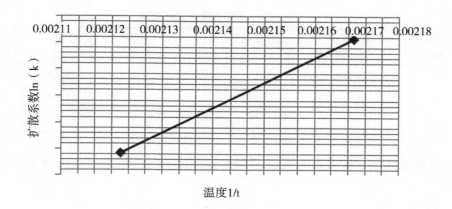

图 5-9　ln（k）与 1/t 曲线

在常温常压下 $\nu = 0.666$

当 $P = 14MPa$，$T = 273.15 + 200℃$（K），在高温下根据理想气体状态方程：

$$\nu = Rg \times T / p$$

其数值只与气体的种类有关而与气体的状态无关。当温度 200℃ 时，$\nu200/\nu16 = 1.642$，$\nu140/\nu1 = 4.76$。

根据数学模型相关关系，按不同加气量试验出 8 种微孔塑料负压给水管（表 5-20）。在试生产中反复调整气泡与成孔因素寻找最佳因素组合，从表 5-11 至表 5-20 中看出试验的反复过程。

第二节　负压给水微孔塑料管研发过程

在微孔塑料挤出系统研制组装后，在开发研究方案与微孔负压给水塑料管开发数学模型的指导下，开始了微孔负压给水管的开发试验。由于缺乏资料，只好按初装设备，边试验边改进，反复更换设备，使试验生产进行了两个月。虽然试验曲折，但两个月的努力，终于获得成功。研制工作于 2007 年 6—7 月进行。

一、拉管试验

1. 不加气拉管试验

虽然塑料挤管技术是成熟的工艺，但作为微孔发泡是在普通挤出机上进行了改装，增加了发泡及透孔出水工艺，具有负压给水能力，是过去没有的产品，需要从头开始研发。从拉制普通塑料管开始，逐步向发泡、成孔、微孔试验。表 5-11 至表 5-14 是不加气的调试过程。

表 5-11　聚乙烯流动速度试验

模具温度（℃）	4 区	3 区	2 区	1 区	2 区	1 区
195	185	181	180	170	160	155

表 5-12　流动速度试验成果表

变频速度 （Hz）	出管长 （m）	开始时间	结束时间	历时 （min）	管重 （g）	流动速度 （g/10min）
10				2	16.29	81.45
20				2	31.94	159.7
30				2	47.33	236.65

拉管没成功，分析原因有两项，一是温度满足，二是定型器内壁光洁度低，阻力大。

表 5-13　加热器温度变化过程记录

加热器号	计时（min）	温度（℃）	红绿变化时间 （s）	升1度时间 （s）	设计温度（℃）
5	2	171	14	2	180
6	2	168	79	21	185
7	2	64		46	最高升温到166℃

表 5-14　拉管试生产中出料时各部位温度记录

	项目	数值（℃）
出料温度	1区	150
	2区	160
	3区	170
	4区	180
	5区	181
	6区	190
	7区	178
主机频率（Hz）		15.6
牵引频率（Hz）		5.5
压力表（MPa）	1	16
	2	14
	3	1.5
管径内径	mm	2
二氧化碳加气量		无
拉管模式		拉伸
问题		加气管堵塞
结果		成功
解决问题		当日拆卸查找发现芯捧螺纹密封不好，重新密封

2. 加气拉管试验

8mm 拉管，进行加气（二氧化碳）试验。表 5-15 和表 5-16 是试验记录。

表 5-15 拉管试验

项目		数值（℃）		
出料温度	1 区	150	150	150
	2 区	160	160	160
	3 区	170	170	170
	4 区	180	180	180
	5 区	181	181	181
	6 区	190	190	190
	7 区	190	190	190
主机频率		17	17	17
牵引频率		2.8	2.8	2.8
压力表	1	7	7	7
	2	13	13	13
	3	5	5	5
管径内径	mm	4	4	4
二氧化碳加气量		$1/4\pi$	$1/2\pi$	π
拉管模式		拉伸	拉伸	拉伸
问题		气泡大	气泡大	气泡大
结果		成功	成功	成功
解决问题		改定型方式	改定型方式	改定型方式

拉管试验结果见图 5-10 所示。

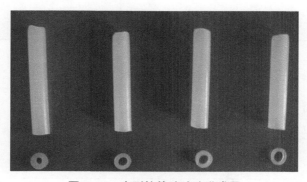

图 5-10 定型拉管试验改进成果

表 5-16 加入二氧化碳后拉力试验（试验流量 19.9g/min；1.12m/min）

二氧化碳加气量	（气阀旋转角度）	无气	$1/4\pi$	$1/2\pi$
变形荷重	kg	14.4		9
拉断荷重	kg	27.4		15.8

（续表）

二氧化碳加气量	（气阀旋转角度）	无气	1/4π	1/2π
拉伸比		195/30		117/30
长	cm	8.88	8.86	8.92
重	g	1.64	1.65	1.59
直径	mm	6.1	6.24	6.4
气孔		无	有	多
壁厚	mm	0.66	1.26	1.4

3. 加气成孔试验

6mm 的定型拉管试验成功后，进行加气成孔试验（表5-17）。

表5-17　拉管试验

	项目	数值（℃）	时间	8时开始	8.46	9	9.1	9.14
出料温度	1 区	150			准备就绪			开车
	2 区	160			预热时间			
	3 区	170						
	4 区	180						
	5 区	180						
	6 区	185						
	7 区	190						
主机频率		17						
牵引频率		2.8						
压力表 MPa	1	7			1.5	2	2.2	8
	2	13			5.9	7	8	14.5
	3	5			1.4	1.5	1.5	3.5
管径内径	mm	4						
二氧化碳加气量		1/4π						
柱塞泵进尺		8						
问题								定型套长
结果								失败
解决问题								修改定型套

试验结果失败，没能出现气泡和气孔。气泡停留对气泡大小的影响很大，对影响气泡发育各因素掌控不够（图5-11和表5-18）。

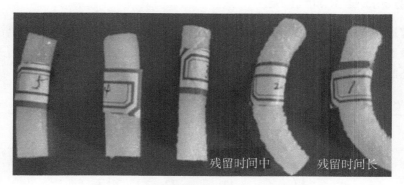

残留时间中　　残留时间长

图 5-11　气泡停留时间对气泡大小的影响

表 5-18　拉管多因素试验

		项目	数值（℃）
拉管试验	出料温度	1 区	150
		2 区	160
		3 区	170
		4 区	180
		5 区	180
		6 区	185
		7 区	190
	主机频率		25
	牵引频率		2.6
	压力表	1	10
		2	16
		3	7
	管径内径	mm	4.7
	二氧化碳加气量		
	柱塞泵进尺		
	问题		二氧化碳结冰加气失败
	结果		拉管发泡失败
	解决问题		反复排气

二、解决注塞泵加气问题

要将普通塑料管生产出具有负压能力的给水管，第一步就是向塑料管里注入二氧化碳，要将液态二氧化碳注入高温高压的挤出机中，是个十分复杂的过程，需要用柱塞泵加压，并不断试验，找到能稳定向挤出机注入发泡剂的方法（表5-19）。

表5-19 柱塞泵温度与压力试验

项目	高温度（℃）	低温度（℃）	开车时间（min）	压力（MPa）	现象	问题分析	进尺
第一次	4	1	3.05	5		有结冰	18
			3.12	12	升压		18
			3.13	10	下降		18
			3.15	6			18
第二次	4	1	3.41	5	不升压	有堵塞	18
			3.55	6			18
			3.56	6			18
			3.58	6			18
第三次	4	1	4.48	5			18
			5.05	5		有堵塞	18
			5.06	5	放气	打通	18
			5.07	6	升压		18
			5.10	16			18
			5.17	14			18
			5.20	13	稳定		18
第四次	9	5	6.45	7.5	不升压	有堵塞	18
			6.54	6			18
			7.10	6			18
第五次	5	1	7.16	5			18
			7.23	11.5	下降		18
第六次	5	3	7.30	6			18
			7.40	5	不升压		18
第七次	4	3	7.52	5			18
			7.58	12	下滑		18
第八次	1	−1	8.04	5	不升压		18

（续表）

项目	高温度（℃）	低温度（℃）	开车时间（min）	压力（MPa）	现象	问题分析	进尺
			8.14	6			18
第九次	4	1	9.25	4			18
			9.55	5.5	不升压		18
第十次	4	2	10.20	4			18
			10.36	5	不升压		18

经过 10 次试验，注塞泵出现不稳定注气环境条件，解决注塞泵漏气等问题后，压力经四次反复试验后，压力可以反复上升到 26MPa，为稳定发泡开发出负压塑料管打下基础（图 5-12）。

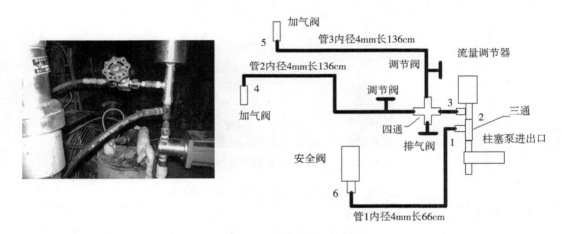

图 5-12　柱塞泵管路接头结构

接口 1、3、4、5、6 直径 13.8mm，2 直径 18.6mm，连接管内径 4 mm 三通一个四通一个高压阀 1/4 时，抗压 27MPa。

三、不同成核器发泡试验

负压管发泡关键组件是成核器的结构尺寸，及注入的发泡剂二氧化碳的数量与压力和温度，这需要反复试验，改进成核器，其中压力温度前面已基本解决，现在主要试验加气量与成核器孔径，寻找成核器最佳结构尺寸。

1. 成核温度试验

多次试验成核断温度需要达到 190℃（图 5-13）。

2. 在同一成核器孔径下加气量试验

试验相同成核器孔径，对比不同加气量时发泡状态与塑料管参数变化，发泡大小与是否形成透气孔的决定因素是成核器的结构与加气数量。试验在成核器孔径 1.5mm 时，

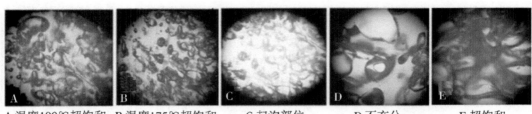

A.温度190℃超饱和　B.温度175℃超饱和　　C.起泡部位　　　　D.不充分　　　　　E.超饱和

图5-13　发泡试验管显微切片

加气数量不同时的发泡状况如图5-14，与塑料管的参数见表5-20。

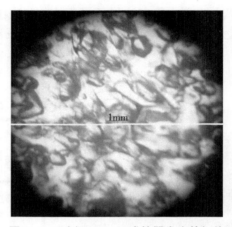

图5-14　孔径1.5mm成核器发泡管切片

表5-20　单位长不同加气量拉管产品参数对比

序号	管重	水重	比重
1	7.47	69.53	0.977749
2	6.55	68.87	0.938395
3	4.31	67.14	0.820952
4	4.24	67.49	0.757143
5	4.33	67.75	0.738908
6	4.61	69	0.648383
7	4.47	70.11	0.543796
8	4.59	68.67	0.676991

用成核器1.5mm试验，用气阀开度控制给气量，拉管成型，获图5-15八种管。加气不同，比重变化很大，但气泡还是很大，不均匀，内壁不光滑，原因分析：①压差不够，②冷却不够，③口模长。需要进一步改进。

3. 在同一成核器时的气孔发育试验

成核器1.0mm，拉管后发现昨天管中有气泡（图5-16），又按原方法试验，但50分钟还是不见气泡，无气原因分析有两种可能：①加气压差不够，②成核后气泡没发

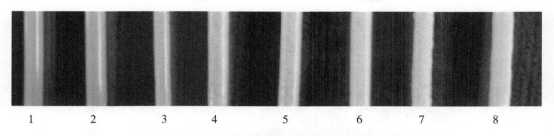

图 5-15　发泡试验管逐步试验试验效果

育。经过改进试验，从有气泡但发育不好，到气泡适合，并出现透气孔（对比塑料管壁内部有气泡），但管壁不透气（图 5-17）。

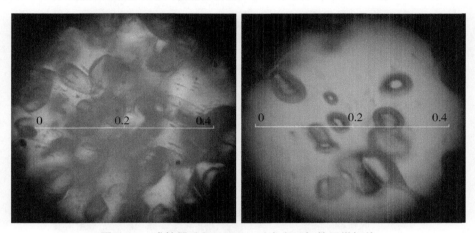

图 5-16　成核器孔径 1.0mm 时发育不好的显微切片

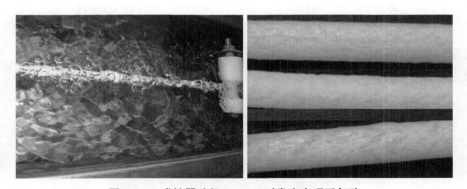

图 5-17　成核器孔径 1.0mm 时发育出现透气孔

经测有孔管透气管具有负压，但负压值很低为 3~5cm。成核器 0.6mm 试验，当变频只提到 1.5，孔径变小，试探变频最佳值（图 5-18）。

改进成核器，加长定型器完成后，又更换定隔膜压力表、高压微调解阀、高压喷嘴。气泡成核质量得到改善（图 5-19 和图 5-20）。

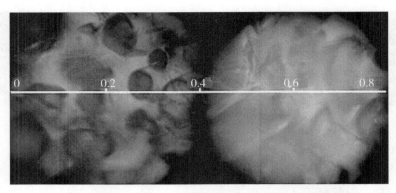

图 5-18　成核器（孔径 0.6mm；左边没定型泡孔，右边是初拉时泡孔切片）

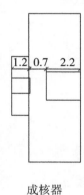

成核器

图 5-19　改进成核器

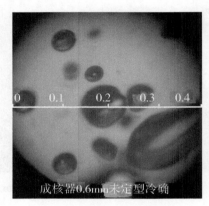

图 5-20　改进后气泡切片

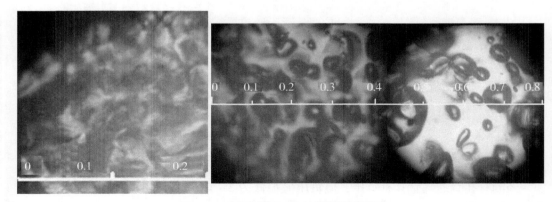

图 5-21　成核器 0.8mm 的发泡显微图

后进行不同成核器发泡实验，1.5、1.0、0.8、0.6 四种成核器，成果见图 5-22 至图 5-24。

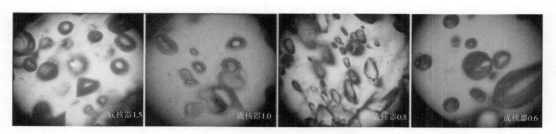

图 5-22　不同成核器的发泡显微图

成核器直径：1.5mm，1.0mm，0.8mm，0.6mm。

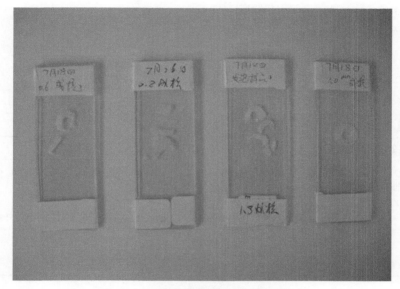

图 5-23　不同成核器试验管的显微切片

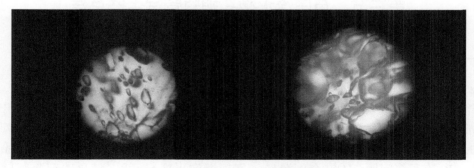

图 5-24　成核器 1.0mm 的发泡显微图

　　经过不断改进，微孔负压发泡技术获得成功（表 5-21，表 5-22）。结束 6—7 月实验，进入小批量生产。

表 5-21　成核器负压管参数

成核器 1.0mm，有负压 6.0cm，出水孔 4~9 孔/30cm，管长 20cm			
序号	管重（g）	水重（g）	比重（管重/水重）
1	4.24	7.43	0.57

表 5-22　试生产负压管生产参数指标记录选录

成核器	0.8mm	试验日期	2007/11/7			
机筒分段温度（℃）	150	168	180	183	195	2 002	168
主机频率	25	牵引机频率	3.5			
机筒压力	压力表 1	压力表 2	压力表 3			
MPa	15	30	0.5~1			
二氧化碳调节阀开度		1.5				
喷嘴孔径	0.1mm					
柱塞泵进尺	20	压力	17~21			
冷冻机温度控制		-20~25	实际温度	-18		

试验日期 2007/11/7	实测负压 cm	比重	出水孔数	孔径	抗拉 kg/cm²	单长重 g/m	流量 L/(h·m)
	-21	0.55	200~300	20~100μm	36	15.9047619	40.909

生产 出料速度	200m m/min	外径 7.8cm 2.22~2.25	内径 5cm

第三节　负压给水微孔塑料管试生产总结

一、主要试验

2007 年在微孔塑料负压管试验成功后，立即投入试生产，试验可分两个阶段。

第一阶段是 6 月 10 日到 7 月 10，试验集中在"超临界加气系统（CJQ）"。开始做拉管准备工作，先后做了流动速度试验、拉管试验、成管拉力试验等。但当在拉管中作加气时发现，CJQ 压力不稳定，需要时压力无法保证，气加不上。在寻找不稳定原因时发现，CJQ 有很多问题：①安全阀漏气（寄回浙江更换）；②二氧化碳钢瓶阀口断裂（找加工点维修）；③二氧化碳不足，压力上不去（更换气瓶）；④连接件漏气，更换连接系统（济南定作）；⑤无安全阀用电节点压力表代替（由济南购表）；⑥电节点压力不好用，更换（来回邮递）；⑦过滤器漏气，厂家索要密封环（先用替代品密封）；⑧柱塞泵密封环破损（厂家邮递）；⑨柱塞泵喷嘴升幅大（浙江邮递更换）；⑩加气喷嘴直径为 0.26mm，气量大（由西安邮购喷嘴），现已改为 0.1mm。经过多次试验，最终解决所有问题，加气压力可控制。

第二阶段是 7 月 10 日至 7 月 28 日，主要工作是试验成核器。准备试验，黏滞系数测定、加气压差试验、加气量试验。不同成核器对发泡影响试验，先后试验了成核器孔径为 4.2mm、1.8mm、1.5mm、1.0mm、0.8mm、0.6mm 六种。

二、试验成果

加气系统可正常工作：加气系统压力可控制在 6~28MPa，并实现电节点控制。

小管径拉管成功：用定型套可拉出 6~8mm 塑料管，见图 5-15。

加气后成核器发泡成功：六种成核器都能发泡。

发泡管成功，并可形成负压给水塑料管。6—7 月负压管初步成功，在 11 月的试验中获得圆满的负压给水管的定型产品，详见第四节试验。

三、存在问题及改进设想

1. 存在问题

一是整体完成试验是在手动控制下完成，无法提高制作精度，提高生产效率；二是产品类型单纯，不能满足不同作物、不同土壤条件下的需求；三是产品型号简单，不能适合各类需要，如条播作物、单株作物等不同农作物需求。

2. 改进继续研发设想

一是开发全自动负压给水管挤出机；二是开发不同材质的负压给水管；三是开发不同型号负压给水管，以适应不同作物、不同土壤的给水需要；四是寻找不同微孔发泡工艺。

第四节　负压给水管给水参数试验

负压给水管的研制经历了 2006—2010 年五年时间，由于开发经费不足，先后共有合作单位四家，2006—2007 年与大连水利科学研究所、莱芜市润华节水灌溉技术有限公司合作；2006—2009 年与北京市水利科学研究院合作；2008—2011 年与中国农业科学院农田灌溉研究所合作。在协作单位的大力支持下，开发研究获得成功。

一、2007 年微孔负压给水管参数测定

1. 负压给水管参数测定

经过两年试验，2007 年 7 月 18 日微孔塑料负压给水管试制成功，第一次拉出透孔微孔管。在 2007 年 11 月开始对微孔塑料负压给水管主要参数进行了测试。各参数满足负压给水要求（图 5-25）。

表 5-23 是试生产负压管检测部分参数摘录。

图 5-25 不同负压管抗拉、负压值简易测试

表 5-23 负压给水管参数

试验日期 2007/11/2	负压 （cm）	比重	出水孔数	孔径 （μm）	抗拉 （kg/cm²）	单长重 （g/m）	流量 [L/(h·m)]	外径 （mm）	内径 （mm）
1	-7	0.6	200～300	20～100	36	15.7	40.9	7.8	5
2	-7	0.638				13.3	77.4	7.0	5
3	-7	0.543				13.7	84.9	7.5	5.5

2. 负压给水管参数试验结果

负压给水管参数试验结果如表 5-24 和表 5-25 所示。

表 5-24 负压给水管沿程损失

管径 （mm）	长 （m）	损失 （mm）	单位长损失 （m/10m）
4	7	28	0.04

表 5-25 试生产 2 号负压管给水流量试验 （2007 年 10 月）

时段	1	2	3	4	5	6	7	8	水压 （m）
不同水压下给水流量 [L/(h·m)]	0.091	0.089	0.070	0.063	0.059	0.064	0.051		0
	0.0069	0.0025	0.0022	0.0113	0.0107				-0.05
	0.039	0.050	0.021	0.0083	0.0093	0.0317	0.0298	0.0448	-0.10
	0.091	0.106	0.107	0.068	0.040	0.025	0.021		0.1

注：试验时段 10 月 23 日 9 时至 10 月 24 日 22 时观测分段

二、2008 年微孔负压给水管室内给水效果试验

1. 2008 年试验

2008 年与中国农业科学院农田灌溉研究所合作，进行室内负压给水效果试验。先

后进行了负压给水实测，采用试验土槽和简易半个塑料管的土样，进行了负压和超微压的给水效果及均匀度试验，并建立负压给水试验温室，为室内试验创造了试验环境（图 5-26 至图 5-28）。

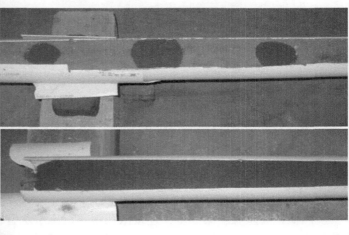

图 5-26　负压状态下给水初始不均匀湿润状态

图 5-27　负压状态下给水流量试验

在负压给水温室建成前，在喷灌大厅做了负压、超微压状态下给水流量与湿润均匀度试验。

2. 建立试验大棚

为开展负压给水参数试验农田灌溉所修建了专用温室，先后开展了两年多的室内负压给水研究。

图 5-28   给水试验温室

三、2009 年负压给水管负压水力学特性试验

1. 无土时负压给水管连续自动给水试验

负压值试验步骤：第一步，连接微孔塑料负压给水管，如图 5-29 所示。对负压给水管加正压（20~40cm），使微孔冒出水滴，在负压给水管外围形成水膜。

第二步，将水源慢慢下降，同时观察胶管中水流是否有气泡出现，下降到管中出现气泡时，停止下降。记录此刻水源瓶中水面与负压给水管中线的高差 Δp，该值既是微孔塑料负压给水管最大负压值。

计算式：
$$\Psi_s = 9.8066 \times 10^{-5} \times (-\Delta p) \qquad (5-24)$$

式中：Ψ_s——微孔塑料负压给水管具有的水势 MPa

　　　　Δp——水源瓶中水面与负压给水管中线的高差，以 cm 计

其他相关试验与负压值试验两步类同，只是在第二步中下降高度要小于最大负压值，以使微孔塑料负压给水管能维持较长时间负压值，以便开展下步试验（表 5-26）。

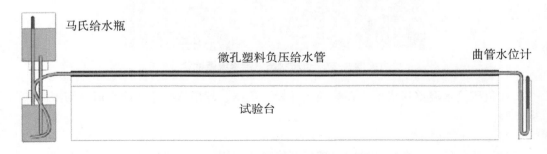

马氏给水瓶　　　　　　　　　　微孔塑料负压给水管　　　　　　　曲管水位计

试验台

图 5-29   微孔塑料负压给水管沿程损失测定装置

表 5-26　不同负压给水管实测负压值

管号	管长（cm）	历时（s）	负压（cm）	最大负压（cm）	负压值 Ψ_s（10^{-5}MPa）	最大负压 Ψ_s（10^{-5}MPa）	照片号
1	20	80	-3	-3.5	-29.4	-34.3	540~545
1（2）	20	900	-2.5	-3	-24.5	-29.4	546~549
1（2）	20	50 400	-1.7	-4	-16.7	-39.2	550~552
2	20		-24	-37.5	-235.4	-367.7	
3	20		-8.7	-22.1	-85.3	-216.7	555
4	20		-6.5	-6.5	-63.7	-63.7	
5	20		-4.2	-4.2	-41.2	-41.2	
6	20		-2.1	-4.5	-20.6	-44.1	
7	20		-2.5	-8.2	-24.5	-80.4	

2. 有土下简易微孔管水动力学试验

微孔塑料负压给水管在土中水力学试验，如利用玻璃土槽试验，每次换土耗时长，所以采用 DN100 开口塑料管装满土，形成试验土柱（图 5-30）。

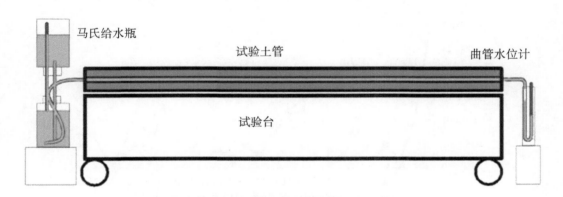

图 5-30　有土条件下负压给水简易试验装置

试验步骤：第一步，按负压值试验步骤形成微孔塑料负压给水管的负压值。第二步，按不同试验目的可进行相关试验，如观测首尾负压损失（压差）、对马氏瓶水量变化记录，可观测不同负压值时给水速度及变化规律等（表 5-27，图 5-31）。

计算式：
$$\Delta\Psi_s = 9.8066\times10^{-5}(-p1+p2)/L \qquad (5-25)$$
$$Q = \Delta Vt/\Delta t/L \qquad (5-26)$$

式中：$\Delta\Psi_s$——微孔塑料负压给水管沿程损失（MPa）

$p1$——试验首部负压（cm）

$p2$——试验尾部负压（cm）

L——试验段管长（m）

Q——微孔塑料负压给水管给水流量［L／(s·m)］

ΔVt——马氏瓶失水量（dm³）

Δt——试验历时（s）

表 5-27　负压管不同水压下供水能力

序号	负压管水头（cm）	流量对比各序号/5号	时流量（L）	日流量（L）	折算日供水能力（mm）	控制面积（m²）
1	+40	18	22.6080	542.5920	129.1886	4.2
2	+20	3.9	4.8984	117.5616	27.9909	4.2
3	+5	1.5	1.8840	45.2160	10.7657	4.2
4	-3	1	1.2560	30.1440	7.1771	4.2
5	-3.2	0.94	1.1899	28.5575	6.7994	4.2
6	-1.5	2.77	3.4889	83.7333	19.9365	4.2
7	0	2.77	3.4889	83.7333	19.9365	4.2

注：负压给水管长3.5m

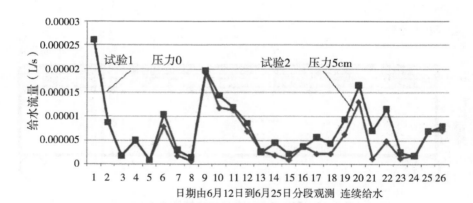

图 5-31　零压与微压（5cm）13 天连续给水观测结果

第六章　微孔负压给水管水动力学试验

微孔负压管的管流是水力学新的现象，水力学从没有遇到过，如何计算，与过去的多孔管流有什么不同，面对新问题只能用试验找出答案。

第一节　微孔负压管流水力学试验项目

一、试验研究项目内容

微孔塑料负压给水管的结构与使用特性同其他灌溉管材不同，其特点，一是管材由微孔塑料组成，管壁上布满透水微孔。二是同时具有输水和给水功能，既是毛管又是给水器。三是可在负压下给水，将负压给水管埋放土壤表层，能与植物体负压水循环连接。这些特点使水力计算具有了特殊的边界条件，为微孔塑料负压给水管在负压给水中的应用提供设计参数，特进行微孔管流水力学试验研究。

1. 微孔管有压出流水力试验

微孔管有压出流与无孔出流不同是在输水时，流量 Q 是连续递减。在定压下出流不但受压力降 Δp 影响，同时还受流量降 Δq 影响，即 $Q = f(\Delta p, \Delta q)$。主要研究内容如下。

（1）微孔出流量 Δqi 对压力降的影响 $\Delta p = f(Q - \sum \Delta qi, \Delta hi)$。

（2）总流量降 $(Q - \sum \Delta qi)$ 对首尾出流均匀度的影响。

（3）微孔大小 D 与出流量 qi 的关系。

（4）微孔管有压出流计算方法。

2. 微孔管渗排试验

微孔管作排水时，埋在排水设计深度处，土壤饱和水在重力作用下向微孔管集聚，这一过程与暗排瓦管类似，计算方法相同，但透水系数和管壁阻力大小有很大差别。

（1）测定微孔管透水系数 μ_s。

（2）测定微孔管阻力系数 φ_s。

（3）建立透水系数 μ_s、阻力系数 φ_s 与微孔孔径的关系。

3. 微孔管负压漏气后排气水力特性试验

微孔管作负压给水时，负压维系是负压给水的关键。实践证明，微孔管在土壤中受环境因素影响，随着时间 t_j 的推移负压会丢失，丢失的过程很快 (Δt)，原因是负压管进气。但是什么原因造成负压管进气（漏气 V_q），漏气机理 $t_j = f(x_i)$ 需要观测研究。

漏气后又如何将气体排出等是重点研究内容。

（1）观测微孔管负压管漏气的原因，影响因素 $t_j = f(x_1, x_2, \cdots, x_i)$，$x_1$ 为气象因素、x_2 为土壤因素、x_3 为微孔结构因素……

（2）测定微孔管孔径大小 d_r 与微孔管负压漏气时间间隔 $t_j = f(x_1, x_2, d_r)$ 的关系。

（3）建立透水系数 μ_s、阻力系数 φ_s 与微孔孔径的关系。

4. 微孔负压管在土壤中负压给水水力运动试验

负压给水的特点是靠土壤的水势特性，把负压给水管中的水与植物负压水循环连接起来，而负压给水管中的水是由微孔管的微孔持水特性完成的，在负压环境下（毛细连接）负压水的流动是由低负压向高负压处流，但水在负压给水管中的运动状态与正压的运动相同，因为微孔管的负压 $-p$ 是管壁所持有，而负压管内径不具有负压，管内流动要损失压力 Δp，其压力由负压与重力供给 $\Delta_p = f(-p, \Delta p_i)$。

（1）观测微孔管负压流动状态，测定负压运动沿程损失。

$$\Delta_p = f(-p, \Delta p_i)$$
$$\Delta_p = -p - (-\sum \Delta p_i) = -p + \sum \Delta p_i \qquad (6-1)$$

（2）观测研究微孔负压出流量总量 Q 与微孔出流 Δq_i 同微孔 d_r、负压、负压差 $\Delta - h_i$ 的关系：

$$Q = f(-p, \sum \Delta q_i, \Delta - h_i) \qquad (6-2)$$
$$\Delta q_i = f(Q - \sum \Delta q_i, \Delta - h_i) \qquad (6-3)$$

（3）负压给水总流量差（$Q - \sum \Delta q_i$）对首尾出流均匀度的影响。

（4）微孔管负压出流计算方法。

（5）微孔塑料负压给水管负压 p_g 变化与土壤水势 ψ 的关系，$p_g = f(\psi, \Delta p_s)$，$\Delta p_s$ 是穿越负压给水管壁的压力损失。

（6）观测研究微孔塑料负压给水管负压出流在土壤中的土水势 ψ，扩散速度 $d\psi / dt$，范围。

$$\partial / \partial x, \ \partial / \partial y:$$
$$d\psi / dt = \frac{\partial}{\partial x}\left(K(\psi)\frac{\partial \psi}{\partial x}\right) + \frac{\partial}{\partial y}\left(K(\psi)\frac{\partial \psi}{\partial y}\right) \qquad (6-4)$$

5. 负压给水系统运行试验

负压给水系统与常规灌溉系统有很多变化，其一是变有压灌溉为负压给水，其二是变间歇灌溉为连续给水，其三是变人为控制为植物自控，其四是变粗放灌溉为精准给水，这样就需要一套新的满足负压给水特点的设备，将新研制的设备组装成负压给水系统，检验负压给水效果，检验负压系统运行的可行性、安全性。

（1）观测负压给水运行方案，负压状态，系统首尾、主管首尾、毛管首尾压差 Δp，出流差 Δq。

（2）试验不同负压给水运行方案，寻找最佳运行方案。

（3）检测负压给水系统部件（负压给水器、水位控制器、排气阀等）性能与效果。

二、试验方法与试验设备与装置

1. 无土下微孔管水动力学试验

在土壤中负压给水过程是复杂隐蔽的，为加快研究速度，第一步，先去掉土壤在无土状态下观测微孔塑料负压给水管的特性参数。截取不同长度在无土状态测试的相关参数：负压值、负压维持时间、负压丢失过程、排气过程与条件、有压出水流量等（图6-1）。

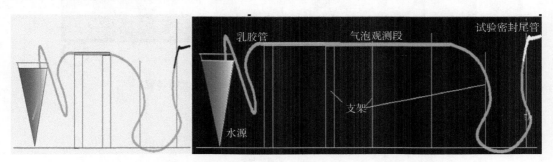

图6-1　微孔塑料负压给水管负压值测定与气泡排除观测装置

2. 有土下简易微孔管水动力学试验

微孔塑料负压给水管在土中进行水力学试验，如利用玻璃土槽试验，每次换土耗时长，所以采用开口塑料管装满土，形成试验土柱。

3. 玻璃土槽微孔管水动力学试验

玻璃土槽土层较厚，可研究负压给水管在土壤中非饱和状态下的运动规律，此时观测除土槽外，还需要土壤负压计、土壤湿度速测仪。

试验步骤如下。

第一步，连接如图6-2装置，在土槽中布置纵横剖面土壤负压值观测孔（数量根据需要布置）。

第二步，按负压值试验步骤形成微孔塑料负压给水管的负压值。

第三步，人工观测负压值变化，连续维持负压值（在负压丢失前人工给脉冲），按设计方案，定时观测土壤剖面各点负压值（图6-3）。

第四步，变换微孔塑料负压给水管型号，重复前三步，获得不同微孔塑料负压给水管试验值。

将式6-4简化为一维这时 Q 可写成计算式：

$$Q = V_\psi \times F_x = \oint K(\psi_T) \frac{g \partial \psi_T}{\partial x} \times \mathrm{d}Fx \qquad (6-5)$$

式中：

Q——负压给水管流量（s）

F_x——在 x 轴透水面积（孔隙面积 cm^2）

$K(\psi_T)$——非饱和土壤传导系数（固定负压给水管下稳定传导速度，cm/s）

ψ_T——土壤水势（由基模 ψ_{Tm}、溶质 ψ_{Ts} 重力势 ψ_{Tg} 组成，Pa）

图6-2　负压给水时土壤非饱和运动规律试验装置

x——水平距离（cm）

为求非饱和土壤传导系数 K（ψ_T）可将式6-5改写为：

$$K(\psi_T) = Q/\oint \frac{g\partial \psi_T}{\partial x} \times dFx \qquad (6-6)$$

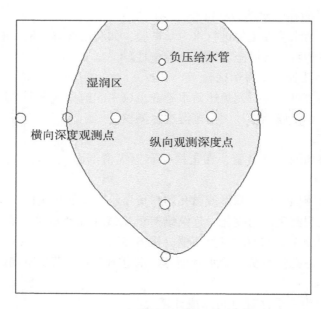

图6-3　一维土槽中土水势观测剖面

第二节　微孔管流水力学试验

一、微孔管有压出流水力试验

微孔管出流与多孔管出流不同，多孔管流孔距较大，两孔间的水流与普通管道水流状态基本一致，但微孔管流是沿途都在向外流水，管道内压力会连续减小。

微孔负压管有压出流在负压供水中是产生负压中的必要过程，但时间暂短，是负压管建立管外水膜产生负压的必要条件。试验目的是寻找有压给水时间，也是负压管形成水膜的时间。从表6-1中看出，在负压管长4m时，当水压180cm时，给水历时1.5~13s均能形成水膜，使负压管可以在负压下工作。

试验只证实满足阳光温室的负压给水需要的数据，但没能更宽负压给水范围的定量关系，但证实了需要考虑的影响因素，写成公式：

$$\Delta p = f\left(Q - \sum \Delta q_i, \ \Delta h_i\right) \tag{6-7}$$

式中：

Δp——在不同微孔管下的有压（Δh_i）流量（Δq_i）时，形成水膜需要的压力

Δq_i——微孔管各段出流之和

常压1~2m时的试验结果如表6-1所示。

表6-1 微孔负压给水管有压给水速度试验

日期	项目	处理管长（m）	压力（m）	通水历时（s）	管内状态
2009/5/25	有压试验	4	1.8	12.59	无水
				1.5	有水
		7	1.8	24.06	无水
				2.0	无水

但考虑到尽量降低水源压力和节约能源的需要，略微延长给水速度，降低给水压力，进行了试验（表6-2），试验结果为在给水压40cm时，1min，也能形成负压给水管的水膜，保证负压管的负压形成。

微压0.2~0.4m时的试验结果如表6-2和图6-4所示。

表6-2 微孔负压给水管有压给给水流量试验

试验日期	项目	排气水压（cm）	排气历时（s）	管长（cm）	给水量（L）	历时（s）	流量（L/S）
2009/6/8	脉冲	+40	60	350	0.2512	60	0.004180
	微压	+20			0.1256	600	0.000209
	微压	+9			0.0314	760	0.000041

二、微孔管负压丢失水力特性试验

负压给水中最大的不利因素是受负压给水器自身的结构和环境影响，会产生负压丢失现象，要维持负压给水状态，需要保持负压状态，需要试验负压丢失的原因及寻找检测和恢复负压的方法技术。为此对不同负压能力的负压管及运行状态进行了负压丢失试验。

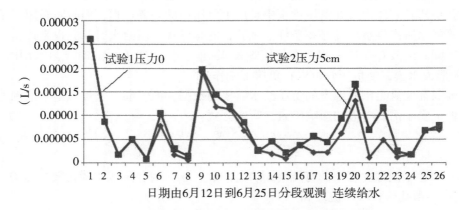

图6-4　超微压下负压管压力与流量关系试验结果

1. 负压管短管给水负压丢失试验

表6-3是三种不同负压管，在相同的负压下，负压供水后的负压丢失试验。从负压丢失的时段长短看出，供水流量大的（即负压能力低）最短是2天多，最长的是5天多（图6-5）。

表6-3　在有土环境下进行的负压丢失试验（试验负压值-0.1m）

2007年10月		不同负压管给水流量 [L/（h·m）]			2007年10月		不同负压管给水流量 [L/（h·m）]		
日期	观测时段	1	2	3	日期	观测时段	1	2	3
26日	1	0.212	0.0945	0.04	29日	10	0.0366	0.0175	
	2	0.138	0.0418	0.05		11	0.0461	0.0301	
	3	0.0959	0.02013	0.02		12	0.065	0.0299	
27日	4	0.124	0.01675	0.009	30日	13	0.0455	0.00667	
	5	0.119	0.0228	0.01		14	0.0062	0.00296	
	6	0.0937	0.0266	0.031		15	0.0073	负压丢失	
28日	7	0.0667	0.0225	0.03	31日	16	0.00402		
	8	0.0765	0.0328	负压丢失			负压丢失		
	9	0.067	0.0306						

2. 同一负压管不同运行负压力下的负压丢失试验

负压丢失影响因素很多，与气象、土壤湿度及运行负压值都有关系，对于一种固定式给水系统，影响最大的是给定的运行负压比，即负压管运行负压与最大负压的比值，试验证明，比值越小越好，详见表6-4。

图 6-5　不同负压管不同给水状态的对比给水试验

表 6-4　不同运行负压力下的负压丢失试验（试验日期 2010 年，管长 28cm）

实验日期 （月/日）	实验时间 （h/min）	实验序号	土壤湿度 （v%）	最大负压 （cm）	试验负压 （cm）	历时 （min）	试验负压与 最大负压 比（%）	负压丢失 （min）
6/11		1	6	21	16.5	0.23	79	0.23
		2			11	60.00	52	60.00
		3			5.5	90.00	26	90.00
		4			5	780.00	24	780.00

负压给水过程中，负压丢失的原因影响因素很多，既有负压管的负压能力，也有气象对作物和土壤蒸发的影响，以及作物对水分需求的强度变化影响，促使负压管外部水膜的破坏，产生漏气。土壤中空气压力增加、水膜的蒸发、双向作用下水膜破裂、给水管内有空气进入，都会造成管内负压丢失，这里只做了影响较大的可控制因素运行负压比对的负压丢失试验。

三、微孔管负压丢失恢复排气水力特性试验

负压丢失必须及时恢复负压给水的负压状态，恢复方法是立即向给水系统注入有压水流，排出管内空气，为此必须检测在有压水流进入给水系统排除空气的过程与形成负压的时间，从而为制作负压恢复硬件提供参数。

负压丢失时长 t 写成公式：

$$影响因素 \ t_j = f (x_1, x_2, \cdots, x_i) \tag{6-8}$$

式中：x_1——气象因素，x_2——土壤因素，x_3——微孔结构因素……

表 6-5 是在大型土槽内进行的排气试验监测记录。试验观测 12 天，平均 3 天负压丢失一次，为保持负压给水水位，需要向给水瓶不断加水。利用脉冲压力（65cm 水位），在管长 2.5m、脉冲历时仅 29s 即可恢复给水管的负压状态。

图 6-6 是土槽试验开始状态，为节省试生产的微孔负压管，试验仅在土槽一测进行。图 6-7 是负压给水流量测试装置，试验证明负压通过脉冲给水，可以保持负压给水正常连续进行，试验成功。

表 6-5　负压丢失重启试验

实验日期	实验时间	负压丢失产生脉冲	脉冲压力（cm）	脉冲历时（s）	形成负压（min）	水位降（mm）	加水次数	水量（mL）
2010/6/3	11：28		65	29	11：29		1	
	11：50					2		62.8
	15：16					55	1	1727
	18：12					18	1	565.2
	20：10					9	1	282.6
2010/6/4	8：07					17		533.8
	17：40					19	1	596.6
2010/6/5	17：30					6		188.4
	17：45	1				7	1	219.8
2010/6/6	17：30					190	1	5966
2010/6/7	9：00					3		94.2
	17：00					0		0
2010/6/8	9：00					0		0
	17：30	1				10	1	314
2010/6/9	8：30					198		6217
	18：00					52		1633
2010/6/10	17：30					0		0
2010/6/11	8：20					3		94.2
2010/6/12	8：20	1				0	1	0
2010/6/13	8：30					89	1	
2010/6/14	8：40					28	1	
2010/6/15	8：40					0		

注：试验管号 3 管长 2.5m，最大负压-6cm，试验负压-3cm，尾管负压-1.5cm。

四、观测研究微孔负压出流量

负压给水管出流量试验，是检测负压给水系统的供水能力能否满足作物需水要求。试验在小土管中进行。表 6-6 是微压、负压、零压三种状态下的给水能力，试验无须太长试验，因为主要测试负压给水的流量值。从表 6-6 中看出，三种给水状态，供水能力达到 3~13L/（h·m），即每米负压管每小时向土壤给水流量 3~13L，这个供水量，远大于表 6-7 中主要作物的需水量。

图 6-6 负压丢失脉冲恢复试验的试验给水开始状态（试验日期 2010 年 6 月 3 日）

图 6-7 负压给水流量测试装置

表 6-6 微孔负压管给水流量试验 试验负压管 1 号 管长 350cm

试验日期	项目	排气水压（cm）	给水量（L）	历时（s）	流量（L/s）	给水能力 [L/h·m)]	给水水头（cm）
2009/6/8	脉冲	40	0.7536	120	0.00628	64.59428571	40
	微压		0.8164	600	0.001361	13.99885714	20
	微压		2.1038	4020	0.000523	5.379428571	5
	负压		0.0628	180	0.000349	3.589714286	−3
	负压		0.1256	380	0.000331	3.404571429	−3.2
	负压		0.785	810	0.000969	9.966857143	−1.5
	零压		0.785	810	0.000969	9.966857143	0

表 6-7　负压给水管供水能力与作物需水强度试验对比表

负压给水器	负压给水器参数			生育阶段	平均日耗水量（mm）	每小时需水[L/(h·m)]	产量（kg/hm²）
	最大负压（cm）	试验负压（cm）	平均给水量[L/(h·m)]				
负压管 1 型	−15	−5	5	玉米	6	0.25	10 500
负压管 2 型	−25	−8	3	小麦	5	0.21	7 500
负压管 3 型	−35	−10	1	水稻	7	0.29	7 500

试验结果证明，负压管给水流量远远大于作物的需水要求。

五、负压给水系统运行试验

负压给水系统有三种运行模式，第一种是负压运行，即负压给水管系统，给水器处在负压状态运行；第二种是零压运行，负压给水管系统，给水器处在零压状态，给水系统给水水位保持在零压状态；第三种是超微压运行，在负压给水试验中，发现当有压运行时，压力在 2~20cm 时，负压管在连续自动供水停止后，并且还能自动恢复连续给水，这种微压下的给水被称为超微压给水。

从表 6-8、表 6-9、表 6-10 试验结果看出，现有试生产的负压管，能够在三种状态下实现连续对作物进行给水，但由于生产的小直径微孔管的供水距离受到限制，只能满足短距离的给水系统。

表 6-8　负压状态给水运行试验成果表（试验日期 2009 年 6 月 17 日）

管长（cm）	试验号	排气水压（cm）	排气时（s）	试验时（min）	最大负压（cm）	首负压（cm）	尾部负压（cm）	损失	比降
350	2	36	39	19		−3	−2	−1	−0.003
350	3	34	71	51		−3.7	−1.5	−2.2	−0.006
350	4	0	54	10	−8	−6	−3.5	−2.5	−0.007
250	1	0	20		−9	−4.5	−2.5	−2	−0.008
250	2					−7	−5	−2	−0.008
250	3					−6.5	−4.5	−2	−0.008
150	1	12				−6.5	−4.7	−1.8	−0.012
150	2					−7.8	−6	−1.8	−0.012
150	3					−8	−7	−1	−0.007
60	1	11				−8	−6.7	−1.3	−0.022
60	2					−8	−6.6	−1.4	−0.023
60	3				−12	−9.5	−8.5	−1	−0.017

表 6-9　大土槽负压给水零压试验记录

实验日期	实验检测时段	负压管长度（cm）	加水压力（cm）	历时（h/min/s）	水量（mL）	流量（mL/min）
2010/6/4	8：18	250	0	16：08	1 475.8	1.52
2010/6/5	17：30	250	0	33：12：00	1 224.6	0.61
2010/6/6	17：30	250	0	24：00：00	345.4	0.24
2010/6/7	9：00	250	0	13：30	659.4	0.81

表 6-10　大土槽超微压给水试验记录

实验日期	观测时间	历时（min）	水位降（mm）	水量（mL）	流量（mL/min）
2010/6/5	17：30	1 992	100	3 140	1.58
2010/6/6	17：30	1 440	26	816.4	0.57
2010/6/7	9：00	810	12	376.8	0.47
2010/6/8	9：00	1 440	5	157	0.11
2010/6/8	17：30	510	3	94.2	0.18
2010/6/9	8：30	900	0	0	0.00
2010/6/9	18：00	570	1	31.4	0.06
2010/6/10	17：30	1 410	5	157	0.11
2010/6/11	8：20	890	0	0	0.00
2010/6/11	17：00	520	3	94.2	0.18
2010/6/12	8：30	930	0	0	0.00
2010/6/13	8：30	1 440	0	0	0.00
2010/6/14	8：40	1 450	3	94.2	0.06
2010/6/15	8：40	1 440	3	94.2	0.07

第三节　微孔管流基础

微孔负压给水管（简称"微孔管"）结构与运行特征，在水力学计算中无法应用现有的计算方法，需要根据微孔管的特征和运行规律，建立微孔管水力学计算模式，而这些需要理论基础和试验探讨，为将负压给水系统的设计建立在科学基础上，对该领域做了室内试验和田间考核，对成果进行了初步分析整理。

一、微孔管水力学基础

1. 微孔管流的基础

在已有的灌溉管道中具有微孔的不多，习惯上将小于 30~50μm 的孔称为微孔，一般灌溉中已有的渗灌管、滴灌管的孔径都大于 50μm。微孔管不但具有微孔特性，而且微孔布满全管，微孔数量与大小都是无法用肉眼观察的，只能借助显微镜观察测量（图 6-8）。

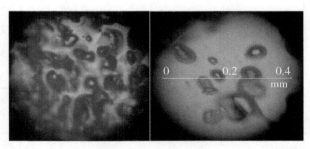

图 6-8　微孔塑料负压给水管泡孔孔径 20~50μm 照片

微孔管流的特征可归纳以下五点：第一，微孔管透水孔径在 20~50um 以下，具有"微孔"，微孔孔道是由多层开孔气泡沟通而成，孔道不规则不光滑。第二，微孔管在充水后，孔口处形成水面张力能抵御一定空气压力，而水膜不破裂，也称具有维持负压能力，简称"负压"。在负压状态微孔管透水不透气。第三，微孔管具有负压流动特点，从低负压值（绝对值，以下讨论均以绝对值称谓负压值）向高负压值处流，表现是水由低处流向高处，称为"负压流动"。但从值的大小上看，依然是从压力高向压力低处流（指负压值）。第四，在负压流动状态下很容易在个别区段产生大气进入，管中产生气泡，形成"水汽流"，微孔负压管的最不利的流态。第五，微孔管在正压下也能作"有压流动"，但与一般孔流不同，其特点是微孔、多孔、曲孔、输水与供水同时进行（表 6-11）。

表 6-11　微孔塑料负压给水管与渗灌管、滴灌管孔径对比

类别	孔直径（μm）	称为	水表面张力系数（n/cm）	可抗力 Δp（n）	折算压力（kg）	水柱高 p（cm）	负压判别
负压给水管	20~50	微孔	0.00071	0.2	0.02	-20	有
渗灌管	10~400	大于微孔	0.00071	0.01	0.001	-2	无法维持
滴灌	>1 000	小孔	0.00071	0.01	0.001	0	无

2. 微孔管流的理论基础

（1）微孔管给水系统流态：图 6-9 是 GTZQ 系统负压给水状态下微孔管流流程示意图，可将这一流程划分七段。

第一段：由水源到 A 点，靠大气压将水压向 A 点，因为 A 点是处在负压状态，负压是由微孔塑料负压给水管的微孔毛细张力形成和维持。运行时有三种可能，一是当水源水面到 A 点高差 Δh 小于负压给水管的最大负压值 p 时，负压管流正常运行。二是当 Δh 大于 p 或负压给水管微孔水膜破裂时，负压给水管漏气，管中水回流，负压丢失。三是当土壤水势在外界水源作用下，土壤水饱和水势为零时，土壤水将向负压给水管中

积聚，形成土壤水回流。

第二段：由负压给水管 A 点到 B 点，水流流动力同样是由消耗微孔毛细张力驱动。管中水流为正常管流，虽然驱动力为微孔管毛细张力，但流动非微孔管流动。运行时有三种状态：①A 点到 B 点的沿程水力损失 Δh_y 小于最大负压值 p 时，负压流动正常。②而当沿程水力损失 Δh_y 大于最大负压值 p 时，负压不能将水输送到 B 点，管漏气，管中水回流，负压丢失。③当负压给水管沿程出水流量大于负压给水管输水流量时，负压给水管中水流流不到 B 点。

第三段：管中水透过微孔管壁 C 点流向管外土壤中 D 点，该段启动力是由土壤水势提供。负压给水管管壁微孔的毛细张力与土壤中毛细张力连接，运行中可能出现两种流态：①负压流。负压流是负压给水状态的正常流动，负压流是靠管壁与土壤水势差驱动。当土壤水势大于管壁水势时，水由管向土壤作负压流动。②两者相等时水流停止流动。③有压反流动发生在受外界干扰如降水，土壤水出现饱和状态或大于饱和状态，此时负压给水管出现有压流动，水从土壤向负压给水管内积聚，并流向水源处。

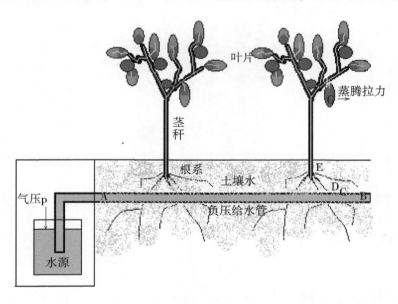

图 6-9　GTZQ 系统负压给水水流运动路线

第四段：由植物根系 D 点向植物茎部 E 点流动。水在该段正常生长状态时水流只有一种状态，由根流向茎秆，其动力由两种力驱动，一是根压，二是蒸腾拉力。

第五段：由植物茎部 E 点向植物叶根部 F 点流动，其动力除与第四段相同外，还有植物茎部细胞水势的吸力。

第六段：由叶脉 F 点向叶片气孔 G 点流动，其动力除与第四段相同外，还有植物叶部细胞水势的吸力。

第七段：由叶片气孔 G 点到大气，该段驱动力是大气的蒸腾拉力。

在上述的负压给水水流运动路线中，研究水的运动规律，但水在这一过程中却发生了两次流质改变，在 1~2 段是纯水流动；到 3 段水在流动中混入了土壤中的氮磷钾等多种无机离子，变成了土壤溶液流；到 4 段的流动过程中又加入了植物细胞液的有机物，细胞液中含有植物生命物质糖类、色素和蛋白质等，形成了细胞液蛋白水通道的渗透流；5~6 段都是细胞液蛋白水通道的渗透流；7 段变成由液态水向气态水的扩散流。虽然水在七段流动中有不同溶液变化、气液两相变化，但有其流体物理的共性。

3. 流体基础理论

（1）连续性：上述 1~7 段流体系统中，最小流体 Δv 在流动中溶液组成可能发生变化，但流体是连续，Δv 符合连续体的判断式：即 $\iota < \Delta v < L$。ι 是分子的自由度，气体分子 ι 自由度 10^{-7}cm（1nm）液态分子 ι 是 10^{-8}cm（0.1nm）。1~7 段的流体中负压给水管微孔直径大于 10μm，植物细胞与细胞间通过细胞连丝相通，连丝中心有链状管道，直径在 30~60nm，7 段的气孔直径在 10~30μm，这里最小连丝管道直径也是气体分子 ι 自由度的 30 倍，满足连续体的判断式的左端要求，而 L 连续长度是供水输水管长加配水管长与植物高，同样满足等式右侧要求（图 6-10）。

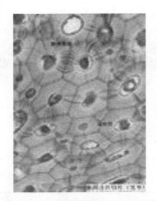

图 6-10　植物细胞连丝显微图

写成方程：

$$\rho = \lim_{\Delta v \to 0} \frac{\Delta m}{\Delta v} \tag{6-9}$$

将 1~7 段以水位主体的流体看作连续的微孔管流，驱动力是水势，各段间是逐步增大的水势（以绝对值计算，在植物正常生长状态时），微孔管 Ψ_G、土壤水 Ψ_T、根液 Ψ_{Zg}、茎液 Ψ_{Zj}、叶液 Ψ_{Zy}、大气蒸汽水势 Ψ_Q 可表示为：

$$\Psi_G < \Psi_T < \Psi_{zg} < \Psi_{zj} < \Psi_{zy} < \Psi_Q \tag{6-10}$$

（2）流体胀缩性：在上述流体中，流质可能是水、土壤溶液、细胞液、气水混合相、气体，但它们都能够在外力作用下 Δv 发生体积与密度的变化，即具有可压缩性，随温度变化 Δv 也发生体积与密度的变化，称流体的热胀性。

用数学式可写成：

$$d\rho = \frac{\partial \rho}{\partial P}dP + \frac{\partial \rho}{\partial T}dT = \rho\alpha dP - \rho\beta dT \tag{6-11}$$

式中：

$$\alpha = \frac{1}{\rho}\frac{\partial \rho}{\partial P} = -\frac{1}{v}\frac{\partial v}{\partial P} \qquad 等温压缩系数$$

$$\beta = -\frac{1}{\rho}\frac{\partial \rho}{\partial T} = \frac{1}{v}\frac{\partial v}{\partial T} \qquad 热胀系数$$

（3）流体的黏滞性：1~7 段流体都有黏滞性且符合牛顿内摩擦定律，数学表达式：

牛顿提出，液层接触面上产生的内摩擦力大小与液层之间的流速差成正比，与两液层距离成反比，是一种线性关系，并称为牛顿流体，不同液体值不同：

$$F \propto A\frac{d\mu}{dy} 写成等式 \quad F = \mu A\frac{d\mu}{dy} \qquad (6-12)$$

式中：F——内摩擦力

μ——流体动力黏度

A——流体内接触面积

$d\mu/dy$——垂直流向横截面流速梯度

动力黏滞系数单位 N·s·m^{-2}≈Pa·s，运动黏度 $\nu = \mu/\rho$，单位 m^2/s。

（4）流体表面能与张力：除气体外，上述液体具有液体的张力特性，在有自由面的状态下液体表面分子间的吸力失掉平衡，产生向内拉力，这种力称为表面能，单位面积上的表面能就是表面的张力系数。用一维描述，也可说两侧分子间拉力与液体内部拉力不平衡，由此产生表面张力，水流表面能与张力数值相等，量纲相同。表面张力较小，但在该系统中是不可忽略的重要因素。

$$\delta = w/A_f \qquad (6-13)$$
$$F_s = \delta \times L \qquad (6-14)$$

式中：w——表面能

A_f——表面面积

F_s——液体表面张力

δ——液体表面张力系数

L——湿润边界长

3. 微孔管流边界条件

（1）气候条件压力温度

除验证气候条件压力温度的影响研究外，在研究中忽略温度和压力影响，因为在农业灌溉工程中，应用环境基本在作物生长环境下（10~30℃），为简化研究工作量，这里只研究常温下运行状态。对于气压，对个别地区暂不讨论，以标准气压计算。

（2）土壤条件

在土壤条件中，只对土壤水进行研究，在研究中忽略土壤溶液浓度影响，以研究地当地条件为基础，不做处理。在土壤水中研究边界是作物可有效利用部分，在作物用水中下限是萎蔫湿度，上限是土壤田间持水量。在排水工程计算时，土壤含水量下限为田间持水量，上限为土壤表层有积水。

（3）流体形态

在 GTZQ 连续系统中 1~2 段水流处在非微孔流状态，由于 GTZQ 连续系统中流速很慢，流速小于 0.01cm/s，雷诺数 R_e 小于 10，远小于 R_e 2320，所以流体处在层流状态。

$$Re = \frac{\rho v d}{\mu} = \frac{vd}{\nu} = \frac{4Q}{\pi d \nu} = KQ \qquad (6\text{-}15)$$

式中：d ——圆管直径，单位为 cm

      ρ ——流体密度

      ν ——流体的运动黏度，水 10^{-2}（cm^2/s）

      μ ——流体的动力黏度，单位为 pa/s

      v ——流体的运动速度

在 3 段中均是微孔流水流在多孔体中流动，是处在渗透流动，虽然在土壤溶液中含有各种离子，但都是溶于水的无机盐，可随水流动，在该段的渗流符合在非饱和土壤水下的达西定律：

$$Q_L = A_f K(\Psi) \frac{g\Delta\Psi}{L} \qquad (6\text{-}16)$$

式中：Q_L ——渗透流量

      A_f ——渗透截面孔隙面积

      $K(\Psi)$ ——土壤非饱和水渗透系数

      $\Delta\Psi$ ——水势差值

      L ——渗径长

在 GTZQ 连续系统中 4~6 段水流，发生在植物体内，这里水流有生命活动参与，为建立该段水流形态，提出一个微孔管流假说：微孔管流假说是对水、土、植、气负压系统（GTZQ）流体连续运动在没有试验证实情况下的解释，假设条件是：

①GTZQ 是一个无机与有机流体流动的结合，生命运动参与流体流动过程；

②GTZQ 的运动遵从流体力学与分子运动规律；

③GTZQ 是由连续的微孔管道组成，管道由粗逐渐变细，经由微孔管壁小股水流到土壤中缝隙孔流再到植物根茎输导管流最后到叶片气孔蒸腾到大气，植物体内水流最小到水分子流，它由蛋白水通道生命信息流控制；

④GTZQ 连续体内因大气蒸腾拉力而产生负压，植物的细胞生命活动维持了负压值随环境变化而变化的能力；

⑤GTZQ 连续体内各流程的负压值可用各流程水势表示，其水势（绝对值）逐步增加，植物体内水势的变化是由蛋白水通道直径变化引起的。

这种流态暂称活力控制渗透流（简称"活力控制流"），写成方程：

$$Q = K_h(x_1, x_2) A_f K(\Psi_Z) \frac{g\Delta\Psi_Z}{L} \qquad (6\text{-}17)$$

$$Q = K_h(x_1, x_2) Q_L \qquad (6\text{-}18)$$

式中：Q ——渗透流量

$$Q_L = A_f K(\Psi_Z) \frac{\Delta\Psi_Z}{L} \text{——受水势影响产生流量}$$

    $K_h(x_1, x_2)$ ——活力调节系数（小于 1 的系数），x_1，x_2 分别为受环境影响因素

与受生命信息影响因素

水由根进入植物体内，通过输导管把水送到各需水细胞，细胞将养分留下，再将水分吐出，2000 年，美国化学家 Peter Agre 和 Roderick Mackinnon 发现细胞膜上输水作用的水通道蛋白 aquaporin1（AQP1），该蛋白专门负责输送水分，只允许水分子通过可阻挡其他分子通过，在通道中有类似开关的 NPA 模体，可调控水分子的通断，通断是由生命信息流控制。这一发现使水分子在植物体流动更细微更具体，活力控制流和活力调节系数受此启发而设定的，在灌溉领域这一研究尚未开始。

二、微孔管流水静力学基础

1. 微孔管流体负压状态的静压强

由 1~2 段的水静力学压强计算，定义为垂直向上为负，对任意两点负压差值：

$$\Delta P = -\rho g \Delta h \tag{6-19}$$

式中：ΔP——两点负压差值

ρ——液体密度

g——重力加速度

Δh——两点高度差

6-6 段微孔管流，压力受毛管张力影响，它有相对静压，当两相邻断面水势处于平衡状态时，水势流动停止，此时水势压即是相对静压。对于两相接触面的平衡张力就是该液体的静压（图 6-11 和图 6-12）。

2. 微孔管流体负压状态的静平衡微分方程

在 6-4 段微孔管流具有三维渗透流特点，由于在 x 轴向与负压给水管平行，可简化为二维模式（图 6-13）的相对静态微分方程，由水力能量守恒定律可导出：

$$\partial \Psi G / \partial y = \partial \Psi_T / \partial y$$

$$\partial \Psi G / \partial z = \partial \Psi_T / \partial z \pm \rho \, g \mathrm{d}z$$

式中：ΨG——负压给水管微孔的水势

Ψ_T——土壤微孔缝隙的水势

3. 微孔管流体正负压状态下的静压力计算

负压给水管有两种工作状态，正常运行是在负压下，而在排气脉冲水压时处于正压状态。两种状态受静压力方向不同。负压给水管在水平向基本平行地面，处在相对静止状态，速度势等于零，所以毛管首尾的内应力相等。

在负压时，管内真空，空气压力 P_1 向内，P_2 为零，在正压时，管内水压 P_2 向外，P_1 为零。负压给水管受应力：

$$\sigma = \frac{p_2 r_2^2 - p_1 r_1^2}{r_1^2 - r_2^2} + \frac{(p_2 - p_1) r_2^2 r_1^2}{(r_1^2 - r_2^2) r^2} \tag{6-20}$$

式中：σ——负压给水管受的内应力

p_1——受的负压力

r_1——管外半径

p_2——受的内压力

r_2——管内半径

r——管壁任一点的半径

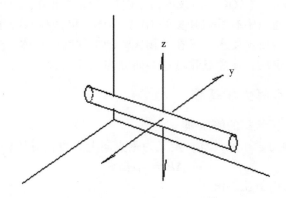

图 6-11　微孔管与土壤水势两维图

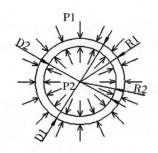

图 6-12　微孔管应力计算

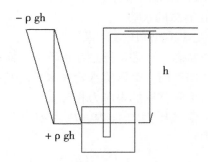

图 6-13　垂直静压分布图

4. 无孔管流体正负压状态下的静压力分布

无孔管流体是输水管道，沿程无流量流出，管道内压力与微孔管相对静压力相同，但在垂直方向受重力影响，负压、正压都有变化。6-20 计算式仍然有效，但 p_1、p_2 值按垂直变化后的数值代入（图6-13）。

三、微孔管水动力学基础

GTZQ连续体内的7段流程中1、2段流程属于非微孔水流，这里主要讨论3~7段微孔流动下的运动方程。

1. 微孔管流体运动连续性方程

微孔管最大特点是在负压下输水同时向土壤供水，并在多孔多隙下渗透，微小微隙很难观察和统计，但它是一个连续体，在数理上是可微分积分的流体，这为建立模型提供可能。

3段流体是由负压给水管的微孔管壁向土壤流出，由起点到尾端，沿程出流q_i与来流量Q都是变量，沿程负压力pi也在逐步减低，由这一假定，可将沿程出流写成如下方程：

$$dq_{xi} = K_h(x_1, x_2)AiK(\Psi_T)\frac{g\partial\Psi_T}{\partial X}dx \qquad (6-21)$$

$$令 \Psi G_i = \Psi G - (\partial\Psi G/\partial x)dx \qquad (6-22)$$

$$dq_i = A_iK(\Psi G)g\partial\Psi G_i/(\partial\Psi G_j/\partial y) \qquad (6-23)$$

式中：q_i——在沿负压给水管方向任一点的渗流流量

A_i——在dx段内负压给水管微孔面积

$$A_i = \pi\mu_g R \times dx \qquad (6-24)$$

R负压给水管直径，dx沿x轴一小段长，μ_g微孔管孔隙率

$K(\Psi G)$——微孔管水势向非饱和土壤水的传导度

ΨG——微孔管张力

ΨG_i——微孔管在x轴i点处减弱后的张力i

$\partial\Psi G/\partial x$——微孔管张力沿$x$轴的递减率

$\partial\Psi G_j/\partial y$——微孔管在$x$轴$i$点向$y$方向与土壤水势的递减率

4段流体是由土壤水向植物根系渗流，该流动特点除力学规律外，增加了生物活动因素，根细胞能对环境和生化运动因素的信息流控制水通道蛋白，单一的力学方程满足不了根吸水规律，在6-21式中引入了K_h活力调节系数，其三维连续运动方程：

$$dq_{xi} = K_h(x_1, x_2)AiK(\Psi_T)\frac{g\partial\Psi_T}{\partial X}dx \qquad (6-25)$$

$$dq_{yi} = K_h(x_1, x_2)A_iK(\Psi_T)\frac{g\partial\Psi_T}{\partial y}dy \qquad (6-26)$$

$$dq_{zi} = K_h(x_1, x_2)A_iK(\Psi_T)\frac{g\partial(g\Psi_T \pm gdz)}{\partial z}dz \qquad (6-27)$$

式中：dq_{xi}、dq_{yi}、dq_{zi}在x、y、z轴向上相应A_i截面的渗透流量

$K_{h(x1,x2)}$——活力调节系数受x_1环境因素x_2生命信息影响

$K(\Psi_T)$——土壤水势下土壤水传导度

A_i——土壤给水度

$$\frac{\partial\Psi_T}{\partial X}\frac{\partial\Psi_T}{\partial y}\frac{\partial\Psi_T}{\partial z}$$——土壤水势在 x、y、z 三轴向的水势梯度

$\rho g dz$——在 z 轴向的重力势

5、6 段流体是在植物体中运动，由于植物体内水分运动基本是垂直运动，可将三维简化成一维 z 轴垂直运动，忽略 x、y 方向影响。

$$dq_{1zi} = K_{h1}(x_1,\ x_2)A_{1i}K(\Psi_{Q1})\frac{\partial(g\Psi_Q - dzi)}{\partial z}dzi \tag{6-28}$$

式中：Q——由主茎流出的流量

$$Q = K_{\_h(x1,x2)}A_{\_i}K(\Psi_z)(\Psi_z - \Psi_T) \tag{6-29}$$

$$A_{-i} = \mu\pi R2 \tag{6-30}$$

A_i——根截面输导管面积

μ——根茎导通率，计算段主茎输导管占茎截面面积的百分比

R——植物茎秆半径

dq_{zi}——在 i 点由主根流出的流量减去已流向其他枝叶后的向上输送的流量

$K(\Psi_z)$——植物细胞水势传导度，其他符号意义同前。

7 段流体是由植物细胞流向大气，是植物体内水分向大气气化过程，在该过程中气孔发挥重要作用，一般要占全蒸腾量 50% 以上，在植物表皮细胞也有蒸腾产生，蒸腾的动力是由大气蒸腾拉力启动，从 GTZQ 连续系统看植物蒸腾是系统尾端，与植物体内依然是密切相连的，如果忽略植物茎秆的蒸腾，只计算叶面蒸腾用方程表达可写成：

$$dqz_i = dq1z_i + dq2z_i \tag{6-31}$$

$$dq_{1zi} = K_{h1}(x_1,\ x_2)A_{1i}K(\Psi_{Q1})\frac{\partial(g\Psi_Q - \rho dzi)}{\partial z}dzi \tag{6-32}$$

$$dq_{2zi} = K_{h2}(x_1,\ x_2)A_{2i}K(\Psi_{Q2})\frac{\partial(g\Psi_Q - dzi)}{\partial z}dzi \tag{6-33}$$

式中：dqz_i——部分叶片蒸腾强度

$dq1z_i$——叶片上由气孔蒸腾强度

$dq2z_i$——叶片上由表皮细胞蒸腾强度

$K_{h1(x1,x2)}K_{h(1x1,x2)}$——相应气孔与表皮细胞活力调节系数

A_{1i} A_{2i}——分别为气孔、表皮细胞蒸腾面积

$$A_{1i} = \mu1F \quad A_{2i} = \mu2F \tag{6-34}$$

$\mu1\mu2$——分别是气孔率、表皮细胞率，由叶面取样单位面积 F 算得

$K\Psi_{Q1}K\Psi_{Q2}$——在大气蒸腾拉力下气孔与表皮细胞蒸腾速度

Ψ_Q——大气蒸腾势，即大气蒸腾拉力

2. 微孔管流体运动方程

在 GTZQ 连续体内的 3~6 段，虽然有三种流体（水、土壤水、细胞水液），但水分子占 90% 以上，可看作微孔管流体为水流，以水势为动力在多孔体内渗透流动，其渗流流速可写成：

$$\nu_x = Q_x / A_x = \frac{K_{hx}(x_1,\ x_2)\,\mu K(\Psi_x)\,\dfrac{g\partial\,(\Psi_x)}{\partial x}dydz}{A_x} = K_{hx}(x_1,\ x_2)\,K(\Psi_x)\frac{g\partial\,(\Psi_x)}{\partial x}$$

$$(6-35)$$

$$Q_x = \nu_x A_x = K_{hx}(x_1,\ x_2)\,A_x K(\Psi_x)\frac{g\partial\,(\Psi_x)}{\partial x} \qquad (6-36)$$

式中：ν_x——微孔管流流速

Q_x——微孔管流流量

K_{hx_1,x_2}——气孔或表皮细胞活力调节系数无活力影响时其值为 1→0 （0 为死亡状态）

A_x——为计算多孔体过流孔隙面积

μ——流体孔隙率

$K\Psi_x$——微孔管水势下水分传导度

Ψ_x——微孔管水势

用一维体积表示的运动方程：

$$dv_x = \nu_x dydzdt = K_{hx}(x_1,\ x_2)\,K(\Psi_x)\frac{g\partial\,(\Psi_x)}{\partial x}dydzdt \qquad (6-37)$$

当流体在某一段产生连续流的中断时，在上段会产生水势 Ψ 的增加和积蓄到上下势能平衡时中止流动，用下式表达：

$$d(\psi_\theta)dxdydz = \mu(dvx + dvy + dvz) \qquad (6-38)$$

为描述土壤湿度随时间变化规律"理查兹"推导出理查兹方程：将 6-37 以三维形式代入式 6-38，两端再除以 $dxdydzdt$ 并求其对时间的偏微分：

$$\frac{\partial\,\psi_\theta}{\partial t} = \frac{\partial}{\partial x}\left(\mu\,K_{hx}(x_1,\ x_2)\,K(\Psi_x)\frac{g\partial\,(\Psi_x)}{\partial x}\right) +$$

$$\frac{\partial}{\partial y}\left(\mu\,K_{hx}(x_1,\ x_2)\,K(\Psi_x)\frac{g\partial\,(\Psi_x)}{\partial y}\right) + \frac{\partial}{\partial z}\left(\mu K_{hx}(x_1,\ x_2)\,K(\Psi_x)\frac{\partial\,(g\Psi_x \pm dz)}{\partial z}\right)$$

$$(6-39)$$

将 $\partial\Psi_x \partial x$ 用复合函数表示，并求导：

$$\frac{\partial\,(\Psi_x)}{\partial x} = \frac{\partial\,(\Psi_x)}{\partial\psi_\theta} \cdot \frac{\partial\,(\Psi_\theta)}{\partial x} \qquad (6-40)$$

将式 6-40 代入式 6-39 中并用新变量 $M\,(\Psi_\theta)$ 代替 6-39 中的常量：

$$M(\Psi_\theta) = \mu K_{hx}(x_1,\ x_2)\,K(\Psi_x)\frac{g\partial\,(\Psi_x)}{\partial\psi_\theta} \qquad (6-41)$$

6-39 式改写为：

$$\frac{\partial\,\psi_\theta}{\partial t} = \frac{\partial}{\partial x}\left(M(\Psi_\theta)\frac{\partial\,(\Psi_\theta)}{\partial x}\right) + \frac{\partial}{\partial y}\left(M(\Psi_\theta)\frac{\partial\,(\Psi_\theta)}{\partial y}\right) +$$

$$\frac{\partial}{\partial z}\left(M(\Psi_\theta)\frac{\partial\,(\Psi_\theta)}{\partial z} + \mu K_{hx}(x_1,\ x_2)\,K(\Psi_x)\right)$$

$$(6-42)$$

式中：M（Ψ_θ）——含有活力控制的扩散系数

ψ_θ——多孔体含水水势

Ψ_x——多孔体具有最大水势

在式 6-39、式 6-41、式 6-42 中，对于土壤水运动 $K_{hx}(x_1,\ x_2)=1$。

3. 微孔管流体运动能量方程

在 GTZQ 连续体由叶面向空气蒸腾时，处于液气两相流动，此时用能量方程连接更好表达。对流动微分体 dv，在 t 刻流体能量方程是由流体热力内能 e 与运动的动能 $v^2/2$ 组成，设气孔口总能量 $E1$，对应空气流体总能量 $E2$：

$$E1 = \int_0^t \rho(e + v^2/2)\,dv \qquad (6\text{-}43)$$

式中：e——气孔内水流体热力内能

$e = c \times dq \times dt \times T$

c——水的比热是 $4.2 \times 10^3 \mathrm{J}/(\mathrm{kg} \cdot ℃)$

T——流体温度℃

v——流速

$$v = K(\Psi_x)\frac{g\partial(\Psi_x)}{\partial x}$$

$$E2 = \int_0^t \rho(e + v^2/2)\,dv1 - \int_0^t \rho\,c_q\,dv2 \qquad (6\text{-}44)$$

式中：T——流体温度℃

dq——气孔控制面积 fq（扩散系数×气孔开口面积）对应空气流量 fq

$dq = fq \times v$

v——流速风速

c_q——蒸腾水的汽化热

$dv2$——蒸腾水量

ρ——空气的密度

根据 6-43，6-44 两式热量守恒原理，当观测数据已知时，可计算出 $dv2$ 蒸腾水量。

4. 微孔管水动力学组成

（1）微孔管有压出流

微孔管除做负压给水外，也可用作有压渗灌、滴灌使用，此时水力计算与普通渗灌、滴灌也有差别，由于微孔管多孔，在有压下，压力不能太大，只需微压即能满足用水要求（图 6-14）。

微孔管流沿程损失：

$$h_f = \lambda \frac{L}{d} \frac{v^2}{2g} \qquad (6\text{-}45)$$

式中：h_f——管流沿程损失，λ——沿程损失系数，在层流区与雷诺数有关，

$\lambda = 64/Re$，$Re = Vd/\nu$，ν——水的运动黏滞系数 $0.01\mathrm{cm}^2/\mathrm{s}$，$L$——管道长，$d$——管径，$v$——水流速度

微孔管流局部损失：

$$扩大\ h_j = (\frac{A2}{A1} - 1)^2 \frac{V_2^2}{2g} = \xi \frac{V_2^2}{2g} \tag{6-46}$$

$$缩小\ h_j = 0.5(1 - \frac{A2}{A1}) \frac{V_2^2}{2g} = \xi \frac{V_2^2}{2g} \tag{6-47}$$

式中：$A1$、$A2$——前后截面面积，V_2——变化后流速，ξ——局部损失系数

微孔管流流速 V 与流量 Q：

$$V = \sqrt{2gh} \tag{6-48}$$
$$Q = V \times A \tag{6-49}$$
$$Q_2 = V \times A - q \times L \tag{6-50}$$
$$V_2 = Q_2/A \tag{6-51}$$

式中：q——微孔管有压设计出流量，由微孔管工作曲线查出 $[\mathrm{L}/(\mathrm{s \cdot m})]$
L——流过微孔管长度；h——起点处的工作水头；A——微孔管截面面积

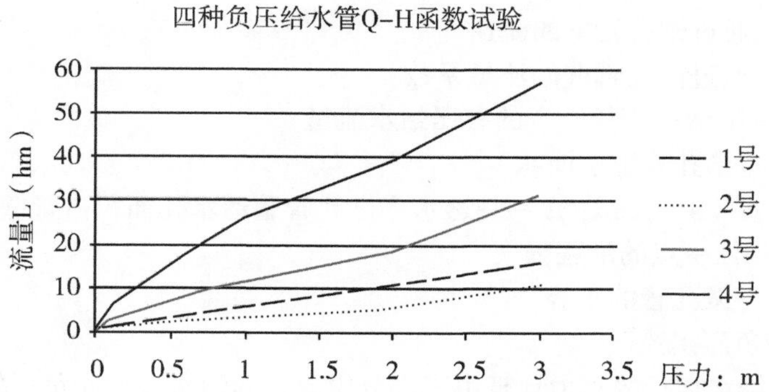

四种负压给水管Q-H函数试验

图 6-14　不同微孔管有压出流

表 6-12　微孔管有压于负压输送水流参数对比

工作状态		单位	正压	负压
管径	d	cm	0.4	0.4
端流量	Q1	L/S	0.06	0.02
管长	l	cm	750	750
水压	h	cm	100	10
沿损系数	λ		0.0036	0.0114
雷诺数	Re		17 718	5603
沿损	hf	cm	6.7729	0.0114

（续表）

工作状态		单位	正压	负压
流速	v	m/s	4.4294	1.4007
流速	v2	m/s	2.7707	1.3841
单位流量	q	L/(S·m)	0.0027	0.00003
分流量	q*1	L/S	0.0208	0.00021
尾流量	Q2	L/S	0.0348	0.01738

微孔管正压给水流量：

微孔管正压给水流量取得，主要是通过实测绘制 q-h 曲线。也可通过计算进行估算：

$$V = \sqrt{2g(h - h_f - \frac{(\psi_g)}{g})} \tag{6-52}$$

$$q_i = \eta \, V \times A_\mu = \eta \, A_\mu \sqrt{2g(h - h_f - \frac{|\psi_q|}{g})} \tag{6-53}$$

式中：V——通过微孔管壁的流速

η——通过微孔管壁的流量系数

q_i——沿微孔管任一点的有压给水流量

$A\mu$——微孔管透水面积

$A\mu = \mu \times A = \mu \pi d$；$\mu$——透水率微孔管壁透水孔面积占管壁面积%

h_f——任一点的沿程损失

ψg——微孔管的水势

（2）微孔管负压出流

微孔管负压给水运行的水力计算由三部分组成，即输水计算，负压供水计算，汽水混流计算。汽水混流计算在第四节中专门讨论。

输水计算：与正压计算相同，但消耗水头是负压值：

$$流速: v = \sqrt{2g(-h)} \tag{6-54}$$

$$沿程损失: h_f = \lambda \, \frac{L}{d} \frac{v^2}{2g} \tag{6-55}$$

5. 负压供水计算

负压供水计算是用产品提供设计参数进行计算，主要参数有微孔管透孔率 μ、透水孔平均直径 d。设计给水流量 q 是每米长负压给水管在设计负压下每小时可供水量。由于微孔管在输水同时给水，q 是沿长度变化。

设计给水流量：

$$v_i = \sqrt{2g(\Psi_{gT}/g - h_f - \Psi_{T/g})} = \sqrt{2(\Psi_{gT} - gh_f - \Psi_T)} \tag{6-56}$$

$$q_i = A_\mu v_i = \frac{\pi d^2}{4}\sqrt{2(\Psi_g - gh_f - \Psi_T)} \tag{6-57}$$

$$Q_i = F_a q_i \qquad (6\text{-}58)$$

式中：q_i——沿微孔管任一点的给水流量

F_a——单位长微孔管壁布满的微孔数量

$$F_a = \frac{\mu \pi DL}{\dfrac{\pi d^2}{4}} = \frac{4\mu \pi DL}{\pi d^2}$$

DL 分别是微孔管内直径与长度

A_μ——微孔管透水面积

v_i——穿过微孔管壁透水孔的流速

d——微孔管壁透水孔平均内径

ψg——微孔管壁透水孔的水势

Ψ_{gT}——埋入土壤不同点的负压管的水势

ψ_T——土壤水势

h_f——微孔管沿管长的压力沿程损失

6. 微孔管有压入流

当把微孔管用于集聚地下水或排地下水时，此时流体是有压流动，符合达西渗流定律，按土壤有压渗流公式计算（图 6-15 和图 6-16）。

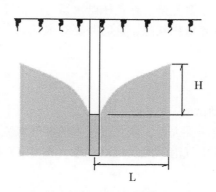

图 6-15 微孔管用作井聚水管

$$Q = A_\mu K \frac{H - \Psi_g / g}{L} \qquad (6\text{-}59)$$

$$L = A_\mu K \frac{H - \Psi_g / g}{Q}$$

式中：K——土壤饱和水渗透系数

A_μ——微孔管透水面积

H——地下水位距微孔管高度

L——距微孔管水平距离或排水管一半间距

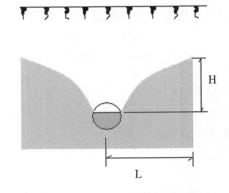

图 6-16　微孔管用作地下排水

第四节　两相水流动力学试验

有关两相流体运动在相关学科已有大量研究，并有很多专著，但在微孔管中的水气流动较输水状态下的两相流动要复杂。在负压给水运行中，经常出现负压丢失情况，为保持负压给水状态，必须恢复负压状态，这时需要对水气混合体进行排气，此时流体处于混流状态。

一、水气混流流态

1. 微孔负压管水汽流动试验

为探讨多孔负压管在负压丢失后，恢复过程中的参气水流状态，进行了微孔负压管水气流动试验，以观察水气中气泡形成及运动状态（图 6-17 和表 6-13）。

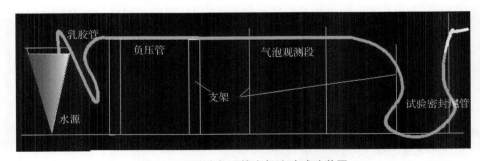

图 6-17　微孔负压管水气流动试验装置

表 6-13　微孔负压管水气流动试验

试验管长（cm）	孔径大小	大于保持负压值（mm）	气泡大小	气泡密度（个/20cm）	开始移动压力（cm）	排气运动压力（cm）	气泡长（mm）			
							第一泡	第二泡	第三泡	最大泡
18	1	5	连续气泡	3	5.5	7.5	15	3	1	15
				2	4	19.5	3	15		15
				2	5.5	15.5	1.5	18		18
18		10		2	6.5	19.5	25	15		25
				2	4.5	10.5	3	20		20
				2	7.5	22.5	15	28		28
18		20		2	13.5	20.5	5	36		36
				1	12.5	21.5	40			40
				3	15.5	19.5	2	2	40	40

2. 冰冻水汽管流状态试验

负压丢失主要是管壁与土壤水流在局部中断，后续微孔管壁在微孔直径较大处维持负压水膜破裂，气压穿过微孔进入管内，把此点称为丢压点，丢压点驱动管内水体向水源处回流，由于管内水张力与管壁摩擦力的阻逆，有部分水体留在管内，试验证明管距水源向是空气联通段，管的后部分是水气混合段。当排气时，前段水流是连续水流，后面水流是水汽混流。

由图 6-18 可看出，微孔塑料负压给水管丢压后，管内气泡分布呈间断性，底部连接成珠型，为了解管内气泡分布，将丢压稳定后负压给水管放入冷冻室，剖开负压给水管，发现负压给水管前部与空气联通，只在下方有少许的冰，而后部是断续的冰块。

二、水气混流基本参数

含气率 α（体积比）：

$$\alpha = v_q/v = Q_q\Delta t/Q\Delta t = Q_q/Q \qquad (6-60)$$

式中：v、v_q——负压丢失后微孔管中一时段 Δt 内水气混流体积、气体体积

　　　　Q、Q_q——微孔管中水气混流流量、含气流量

含气率 β（截面比）：

从图 6-19 中看出在不同段截面中水气比例变化很大，无法计算出截面比例，但如果取单位长平均截面比例则可由体积比推出，其比值与体积比接近。

$$\beta = A_Q/A \approx vq/v \qquad (6-61)$$

折算流速：

$$\omega_q = \frac{Q}{\beta A} \qquad (6-62)$$

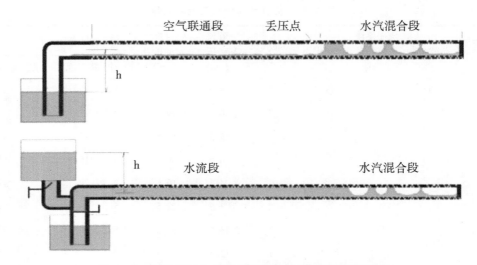

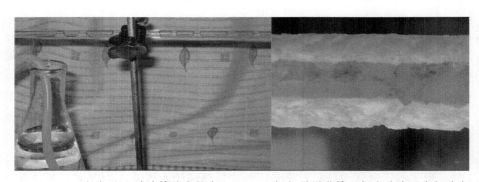

图 6-18 微孔塑料负压给水管丢压后水气混流平衡状态

（a）流入玻璃管分布状态　　（b）是微孔管后部内冰冻后水气分布

图 6-19 微孔管丢压后管内气泡分布状态

$$\omega_s = \frac{Q}{(1-\beta)A} \qquad (6\text{-}63)$$

流量速度：

$$\omega = \frac{Q}{A} \qquad (6\text{-}64)$$

式中：β——截面含气率

ω_s——水流折算流速

ω_q 气流折算流速

A——微孔管截面面积

Q——水汽混流流量

ω——水气混流流速

流动密度：
$$\rho_0 = \frac{G}{Q} = \frac{Gs + Gq}{Q} = \frac{\rho_s Qs + \rho_q Qq}{Q} = (1 - \alpha)\rho_s + \alpha\rho_q \qquad (6\text{-}65)$$

实际密度：
$$\rho = \frac{\rho_s A_s \Delta L + \rho_q A_q \Delta L}{A \Delta L} = (1 - \beta)\rho_s + \beta\rho_q \qquad (6\text{-}66)$$

在式 6-65 与式 6-66 中：

ρ_0，ρ，ρ_s，ρ_q——分别是流动密度、水气混流密度、水体密度、气体密度

A，As，A_q——分别是水气混流截面面积、水体截面面积、气体截面面积

G，Gs，G_q——分别是水气混流流体质量、水体质量、气体质量

Q，Qs，Qq——分别是水气混流流体流量、水体流量、气体流量

三、水气混流基本方程

从微孔塑料负压给水管的水气混流流态看，是大气泡与水间隔的连续流体，没有水气分层现象，由此可作下面假定，①水气连续均匀混流，②折算流速 $\omega_s\omega_q$ 是相等的，③微孔管排气是在水平方向，用一维模拟水流方程。

连续方程：在一 Δt 时段内向微孔管注入水体与流出水气混流体积相等。

$$dv/dt = Q = \int_0^L A_\mu \times q_K \times dL = \int_0^L q_i \times dL \qquad (6\text{-}67)$$

式中：Q——排气注入水流量

q_K——微孔管管壁平均单孔排出水气流量

q_i——微孔管单位长管壁排出水气流量

$A\mu$——单位长微孔管透水面积

运动方程：

$$P = h_f + \frac{\omega^2}{2g} + \frac{\psi_g}{g} \qquad (6\text{-}68)$$

式中：h_f——沿程损失

ψg——微孔管水势

ω——水气混流流速

沿程损失：

$$h_f = \chi \times L \times F_M \qquad (6\text{-}69)$$

摩阻力损失：

$$F_M = f_m \frac{\rho \omega^2}{2} \qquad (6\text{-}70)$$

摩擦阻力折算系数：

$$S = \frac{f_m \frac{\omega^2}{2}}{f_s \frac{\omega_s^2}{2}} \frac{\rho}{\rho_s} = \frac{f_m}{f_s} \frac{\rho}{\rho_s} \qquad (6\text{-}71)$$

$$f_m = S \times f_s \frac{\rho_s}{\rho} \qquad\qquad (6\text{-}72)$$

在式 6-69、式 6-70、式 6-71、式 6-72 中：

χ——微孔管润周

L——计算长度

F_M——单位长摩阻损失

f_m——水气混流摩擦系数

f_s——水体摩擦系数

s——摩擦阻力折算系数

附注：

微孔管流假说：微孔管流假说是对水、土、植、气负压系统 GTZQ 由"给（G）"（负压给水管向土壤给水）、"土（T）"（土壤由负压给水管中吸水）、"植（Z）"（植物根系由土壤中吸取水分）、"气（Q）"（大气蒸发力将植物体中水分吸到叶片再蒸发到空气中）组成流体连续运动，在没有试验证实情况下的解释，假设条件是：

①GTZQ 是一个无机与有机流体流动的结合，生命运动参与流体流动过程；

②GTZQ 的运动遵从流体力学与分子运动规律；

③GTZQ 是由连续的微孔管道组成，管道由粗逐渐变细，经由微孔管壁小股水流到土壤中缝隙孔流，再到植物根茎输导管流，最后到叶片气孔蒸腾到大气，植物体内水流最小到水分子流，它由蛋白水通道生命信息流控制；

④GTZQ 连续体内因大气蒸腾拉力而产生负压，植物的细胞生命活动维持了负压值随环境变化而变化的能力；

⑤GTZQ 连续体内各流程的负压值可用各流程水势表示，其水势（绝对值）逐步增加，植物体内水流大小是由水孔蛋白控制。

术语解释：

负压：微孔管在充水后，孔口处形成水面张力能抵御一定空气压力，而水膜不破裂，靠大气压维持管中水位高于水源水面的能力，简称"负压"。

负压流动：从负压值（以绝对值计）低向负压值高处流，表现是水由低处流向高处，称为"负压流动"。

负压丢失：负压给水管漏气，管中水回流水源，已不具有负压能力，称"负压丢失"。

水汽流：微孔塑料负压给水管在负压流动状态时，由于负压给水管漏气，造成负压丢失，再向管中充水时，水与气在管中形成两相流动，简称"水气流"。

第七章　负压给水系统研制

上面几章做了负压给水理论、负压给水器及室内试验研究，但要实现应用，需要一套给水自动化的系统的开发，才能实现在田间的应用。本章简介负压给水系统的组成，与首部控制系统的开发。

第一节　负压给水系统研究

一、负压给水系统构成

要实现植物主动获取水分，必须对给水器进行控制，在植物不需要水分时，给水器能自动控制不向外流水，这是实现连续给水而又不产生土壤水分饱和的先决条件。但在有压节水的灌溉模式下是无法实现的，一旦打开灌溉系统，水在有压下会不断地流向土壤，只有在外界的机械控制下才能关闭灌溉系统，灌溉器才能停止灌水。负压给水系统给水器的负压特性是关键，为维护负压给水器稳定持续向植物供水，必须构建一套系统确保负压给水器的负压能力。

负压给水系统四部分组成：①水源；②负压水箱；③控制器；④负压给水器（图7-1）。其中主要部件是负压给水器，特征是具有对水分的保持能力即负压能力；次要部件是负压水箱，作用是维护负压管网内负压状态。

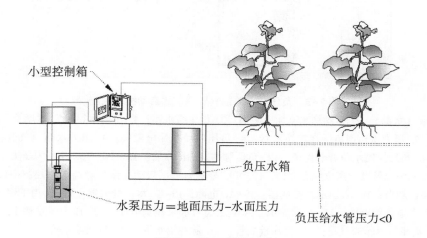

图7-1　负压给水系统

其中开发设备主要由 3 部分组成：一是负压给水管；二是负压给水箱；三是小型控制箱。三种设备中，负压给水管已在前面简介了开发过程与成果，本章主要简介负压给水箱与小型控制箱。

二、负压给水系统首部构成

负压给水系统首部是保证负压给水运行的关键部位，主要由三大部分组成，一是水源控制；二是负压给水控制；三是脉冲负压恢复控制（图 7-2 和图 7-3）。

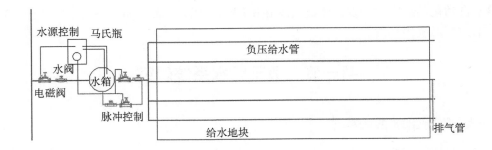

图 7-2　负压给水控制系统首部

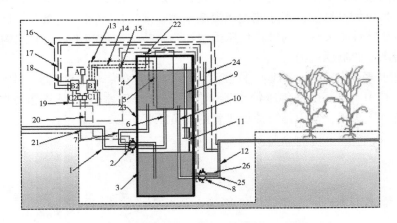

图 7-3　负压给水首部气压调节式自动控制系统

1. 水泵（水源）；2. 自动加水互斥电磁阀；3. 负压给水箱；4. 压力水箱；5. 过滤管；6. 压力水箱进水管；7. 压力水箱向负压水箱注水管；8. 负压启动互斥电磁阀；9. 压力水箱通气管；10. 负压供水管；11. 负压控制水位调节齿条；12. 负压脉冲共用段水管；13、14、15. 分别为压力水箱水位控制低位触点、中位触点、高位触点；16、17、18. 分别为负压启动与恢复脉冲水位控制中位触点、低位触点、高位触点；19. 负压给水控制器；19-A. 电源；19-B. 水位继电器；19-C. 中间继电器；20. 负压启动互斥电磁阀电缆；21. 自动加水互斥电磁阀与水泵控制电缆；22. 压力给水箱上下水位调节螺丝；23. 负压给水箱通气孔；24. 负压检测管；25. 脉冲给水管；26. 负压给水管

首部功能是由 3 个系统 3 个关键部件组成，3 个部件是开发的重点：控制箱、双向

互斥电磁阀、负压给水箱。

从图7-3中看出，一是负压给水首部是低于地面布置的控制区，供水管网高于地面，凸显了其负压给水特性，二是水源的水泵只是保证负压水箱的供水，负压给水管网正常给水不需要压力，显示了负压给水的节能特性。

图7-3明显地区分开3部分，以中间水箱（图7-3中序号3）为分界，左边来水方向，序号19是首部控制箱。黑框（序号3、4）负压给水箱，由相对负压给水管网高程，区分为压力水箱（4号）和负压水箱组成。在负压给水箱右侧是出水方向，连接负压给水管网，是负压管网给水状态监测与脉冲负压恢复系统，主要功能部件是负压检测管和互斥电磁阀。

三、负压给水控制箱

负压给水控制箱是负压给水系统的核心部件，设计基础理论是马氏瓶原理，即上下两水箱（瓶）上密封，下箱开敞是两水箱的气压平衡原理，保持固定的水位。这种水分流失和原水位不变的原理，是负压给水箱的设计基础（图7-4和图7-5）。

在负压给水箱开发中的重要部件是互斥电磁阀的研制，解决了瞬间给水系统的正负压转换，为负压给水系统的负压状态恢复提供了快速修复基础。

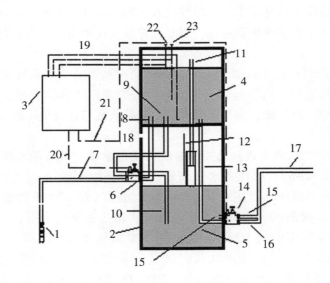

图7-4　负压给水控制箱

1. 水泵（水源）；2. 负压给水箱；3. 负压给水控制器；4. 压力水箱负压水箱；6. 自动加水互斥电磁阀；7. 压力水箱加水管；8. 压力水箱进水管；9、10. 压力水箱向负压水箱注水管；11. 压力水箱通气管；12. 负压控制水位调节齿条；13. 脉冲水管；14. 负压启动互斥电磁阀；15. 负压供水管；16. 脉冲水管；17. 负压脉冲共用段水管；18. 负压给水箱气孔；19. 自动加水控制线；20. 自动加水互斥电磁阀电缆；21. 负压启动互斥电磁阀电缆；22. 负压给水箱上水位调节螺丝；23. 负压给水箱下水位调节螺丝

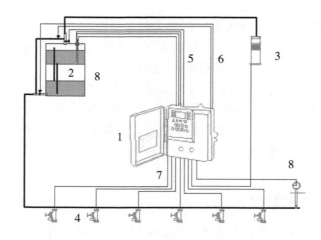

图 7-5　负压给水控制箱与控制柜线路

四、负压监控与负压恢复系统

2008—2009 年在中国农业科学院农田灌溉研究所进行土槽负压试验，应用中负压形成与负压丢失后恢复都是采用定时脉冲或人工加压脉冲方法再次形成负压，无法实现自动化。人工脉冲生产中维护费用高，定时脉冲很难控制负压丢失历时，往往使脉冲次数增加。

2010 年研制出负压给水首部气压调节式自动控制系统，该系统实现了系统加电后自动形成负压，自动判断负压是否丢失，如果丢失能自动启动脉冲，并能重新恢复负压。设备结构简单，造价低，为负压给水技术试验研究与普及负压给水技术创造了好的基础。

负压给水首部气压调节式自动控制系统由压力水箱、负压给水箱、负压给水控制器 3 部分组成（图 7-6）。①压力水箱部分：由 4 压力水箱、5 过滤管、6 压力水箱进水管、7 压力水箱向负压水箱注水管、9 压力水箱通气管、22 压力给水箱上下水位调节螺丝按图 7-6 连接而成。②负压给水箱部分：由 3 负压给水箱、2 自动加水互斥电磁阀 8 负压启动互斥电磁阀 10 负压供水管　11 负压控制水位调节齿条、12 负压脉冲共用段水管、23 负压给水箱通气孔、24 负压检测管、25 脉冲给水管、26 负压给水管连接而成 。③负压给水控制器部分：19 负压给水控制器、19-A 电源、19-B 水位继电器 19-C 中间继电器、1 水泵（水源），13、14、15 分别为压力水箱水位控制低位触点、中位触点、高位触点，16、17、18 分别为负压启动与恢复脉冲水位控制中位触点、低位触点、高位触点、20 负压启动互斥电磁阀电缆、21 自动加水互斥电磁阀与水泵控制电缆。

压力水箱 4 负责向负压给水箱 3 供水，当水位低于控制低水位时，控制箱启动水泵 1 和负压启动互斥电磁阀 2 向压力箱注水，此时互斥电磁阀水泵的来水阀打开，压力箱向负压给水箱通水阀关闭。调节压力给水箱上下水位调节螺丝 22，能调节水箱水量和

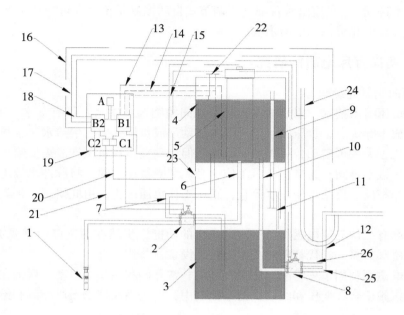

图7-6　负压给水首部气压调节式自动控制系统示意

1. 水泵（水源）；2. 自动加水互斥电磁阀；3. 负压给水箱；4. 压力水箱；5. 过滤管；6. 压力水箱进水管；7. 压力水箱向负压水箱注水管；8. 负压启动互斥电磁阀；9. 压力水箱通气管；10. 负压供水管；11. 负压控制水位调节齿条；12. 负压脉冲共用段水管；13、14、15. 分别为压力水箱水位控制低位触点、中位触点、高位触点；16、17、18. 分别为负压启动与恢复脉冲水位控制中位触点、低位触点、高位触点；19. 负压给水控制器；19－A 电源、19－B. 水位继电器、19－C. 中间继电器；20. 负压启动互斥电磁阀电缆；21. 自动加水互斥电磁阀与水泵控制电缆；22. 压力给水箱上下水位调节螺丝；23. 负压给水箱通气孔；24. 负压检测管；25. 脉冲给水管；26. 负压给水管

水压。

负压给水箱3负责向负压给水系统供水，压力水箱通气管9通过水气与压力箱连通，通气管口露出水面时空气进入压力箱，压力箱水通过压力水箱向负压水箱注水管7注水，当水位淹没通气管口时注水停止（见通气管9与调节齿轮11），由此负压水箱能为负压给水系统提供稳定水位。同时负压检测管24通过16、17、18负压启动与恢复脉冲水位控制中位触点、低位触点、高位触点有无水状态检测负压状态，并启动或关闭负压启动互斥电磁阀8，进行脉冲恢复负压。

其技术特征1：负压给水首部气压调节式自动控制系统，上电后能为负压给水系统自动形成负压。

其技术特征2：负压给水首部气压调节式自动控制系统，负压丢失后负压检测管24

能检测到丢失状态，并立即自动为负压给水系统形成负压。

其技术特征 3：负压给水首部气压调节式自动控制系统，通过负压给水控制器能记录加水次数，由此可计算出给水量。

五、两向互斥电磁阀研究

1. 两向阀研究缘起

植物负压给水技术，以土壤非饱和状态向植物连续供水，具有节水、节能、自动、精准、低成本等优点，负压给水过程是由启动形成负压—向土壤给水—水势平衡—给水停止—负压丢失—再启动，周而复失进行，但启动负压和负压恢复需要给管网以正压脉冲，脉冲在数十秒间，为维护负压水位，必须切断负压水源，将脉冲水源连接到正压水源，两动作相反。负压工作正压停止，正压工作负压停止，由此研制一种具有互斥能力的电磁阀。

虽然已有二位三通电磁阀，但两进一出的功能，仍然在两进口前需要加控制设备，而互斥电磁阀只需一阀代替两阀，简化控制设备，节约资金。

互斥电磁阀利用了先导减压原理和结构，常开阀利用零压启动，保证在低压下能正常启动，该阀适合在变压和组合式给水控制中，可应用在植物无压灌溉和给水的自动化工程中。

2. 研究内容

互斥电磁阀，由常闭和常开两阀构成，具体构成如图 7-7 所示。互斥电磁阀两阀工作状态互相排斥，阀门上电后常闭阀工作，常闭阀处于打开状态，而常开阀处于关闭状态。阀门失电后阀门工作状态恰好相反，常闭关闭，常开打开。互斥电磁阀具有一阀两用功能，减少控制管路，控制线路，降低成本。对于常开工作状态远大于常闭状态的控制系统，阀门带电时间很短，如负压给水系统，只有脉冲时阀门带电，而正常运行不需要带电，脉冲时间每天不到 40s，这样阀门工作寿命可延长几百倍，同时节约运行耗电。

3. 具体实施方式

阀门两进水口（图 7-7），将图中 1 常开阀进口连接到常开水管，12 常闭阀进口连接到常闭水管，11 常闭与常开阀共用出口连接到出水管。无电时，常开阀 8 磁铁向上弹簧将 7 磁铁芯推向上方，4 减压孔处在打开状态，1 常开阀进口水压顶开 3 密封橡胶与压盖，水流向 11 常闭与常开阀共用出口，而常闭阀无电时处在关闭状态。

控制启动阀门上电时，19 常闭线圈有电，磁力将 18 常闭磁铁芯吸上，15 常闭阀减压孔打开，17 常闭磁铁护套下腔体压力降低，14 常闭阀密封橡胶与压盖被进水侧压力冲开，水流进入出水口。常开阀带电后，10 常开阀线圈有电，磁力将 7 磁铁芯吸向下方，4 减压孔关闭，在 5 密封橡胶弹簧作用下，3 密封橡胶与压盖封闭 1 常开阀进口的水流，完成带电实例运作。

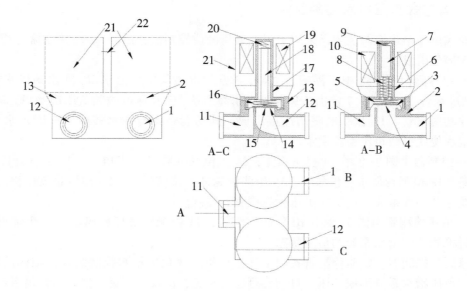

图 7-7　互斥电磁阀结构图

1. 常开阀进口；2. 阀体；3. 密封橡胶与压盖；4. 减压孔；5. 密封橡胶弹簧；
6. 磁铁护套；7. 磁铁芯；8. 磁铁向上弹簧；9. 磁铁向下弹簧；10. 常开阀线圈；
11. 常闭与常开阀共用出口；12. 常闭阀进口；13. 阀体；14. 常闭阀密封橡胶与压
盖；15. 常闭阀减压孔；16. 常闭阀密封橡胶弹簧；17. 常闭磁铁护套；18. 常闭磁
铁芯；19. 常闭线圈；20. 常闭磁铁弹簧；21. 线圈护套；22. 出线口

第二节　浮球式负压给水控制系统研究

一、浮球式负压给水控制原理

2005 年提出的植物负压给水技术，创新了无压给水新技术，相对欧美有压灌溉，在满足植物需水要求上，开创了植物给水理论。给水理论是以植物为主体，需求水分多少由植物决定，而灌溉理论给水量由人控制，灌水量和时间由人确定。研究表明，负压给水过程由负压启动、负压给水、水势平衡、停止供水、蒸腾消耗、水势失衡、负压丢失、恢复负压等 8 个过程组成。如何检测这一过程，并自动执行维护负压给水系统，是个很好的研究课题。2010 年提出除"负压给水首部气压调节式自动控制系统"外，又研制出"浮球式负压给水控制装置"，两控制系统互为补充，各有特点。浮球式负压给水控制装置结构简单，设备便宜，适用在小面积控制系统。该装置除不能对给水量进行计量外，形成负压、负压给水、检测负压状态、恢复负压都能自动完成。

浮球式负压给水控制装置采用浮球控制原理与水位控制技术集成实现对负压给水系统的连续给水控制功能。其中，浮球水位控制器采用通用液位控制设备，结构简单，造价低廉，为负压给水生产应用提供选择方案。

二、浮球式负压给水控制结构

浮球式负压给水控制装置，采用了工业通用液位控制器，由浮球阀、控制器、负压检测管 3 部分组成。

（1）浮球阀由图 7-8 中 2 浮球式水箱，3 互斥电磁阀压力出水口，4 水源供水管，5 浮球阀进水管，6 浮筒，7 浮力传递与进水密封系统，8 互斥电磁阀负压出水口，9 负压与脉冲共用水管，12 互斥电磁阀连接组成。其功能是将有压水转换成一固定水位，并以固定水位连续向负压系统供水。

（2）控制器由图 7-8 中 13 控制箱体，14 水位继电器，15 继电器，16 空开，17 电磁阀回路，18 检测管低水位信号线，19 检测管脉冲水位信号线，20 检测管负压检测触点信号线等 8 部件组成。负责对负压状态检测和控制。

（3）负压检测管由图 7-8 中 10 负压检测管，11 检测管负压检测触点 2 个部件组成。即时检测负压给水系统的负压状态。

浮球阀、控制器、负压检测管按图 1 连接成浮球式负压给水控制装置，结构简单，能自动为负压给水系统形成负压，自动检测运行状态，出现负压丢失能即时恢复系统负压。保证系统连续处于负压状态。经济实用，适于小面积负压系统应用。

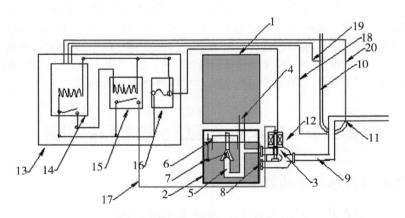

图 7-8　浮球式负压给水控制装置结构

1. 有压水源；2. 浮球式水箱；3. 互斥电磁阀压力出水口；4. 水源供水管；5. 浮球阀进水管；6. 浮筒；7. 浮力传递与进水密封系统；8. 互斥电磁阀负压出水口；9. 负压与脉冲共用水管；10. 负压检测管；11. 检测管负压检测触点；12. 互斥电磁阀；13. 控制箱体；14. 水位继电器；15. 继电器；16. 空开；17. 电磁阀回路；18. 检测管低水位信号线；19. 检测管脉冲水位信号线；20. 检测管负压检测触点信号线

三、具体实施方式

浮球阀、控制器、负压检测管按图 7-8 连接成浮球式负压给水控制装置，将 4 水源供水管连接到 1 有压水源上，水流入 2 浮球式水箱，当水位浮起浮筒 6，到达设定水位时，浮筒浮力由 7 浮力传递与进水密封系统，进而封闭 5 浮球阀进水管。当控制箱上电后12互斥电磁阀常闭阀打开，常开阀关闭，水由水源经3互斥电磁阀压力出水口流向9负压与脉冲共用水管，向负压给水系统供有压水，在水位到达10负压检测管中的高位触点，控制箱中14水位继电器关闭12互斥电磁阀，此时12互斥电磁阀常闭阀关闭，常开阀打开，水由8互斥电磁阀负压出水口向负压给水系统供水（图7-9）。

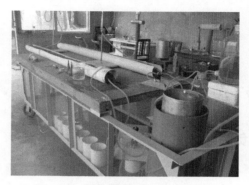

图7-9　浮球式负压给水控制试验

四、负压给水系统负压恢复系统

浮球式负压给水系统中负压恢复系统与气压调节式自动控制系统相同，均采用水位控制传感器，用负压水位检测管（图7-8中10号位图7-10）。负压检测管在负压给水中，显示负压给水中的负压水位，当负压丢失时，管中水位由空气充满，控制箱中的水位继电器触发正压水源打开，脉冲向负压给水供水，负压管充满水，负压给水系统负压恢复。当负压水位检测管水位到达设定的上线水位时，就触发水位继电器反向动作，切断了上水位控制电磁阀，关闭了上水位水源，同时打开了负压水箱的供水。

图7-10　浮球式负压给水系统试验

第八章　微孔负压给水管给水田间试验

第一节　温室大樱桃负压给水试验

一、温室大樱桃负压给水试验方案

该试验是与大连水科所协作单位结合大樱桃需水规律试验进行。由于负压给水管2007年研制成功，该试验是在2007年11月至2008年4月结合大樱桃需水规律试验对微孔塑料负压给水管进行考核。但作为大樱桃连续灌溉需水规律试验是2006年开始，已进行了2年，在分析需水规律与产量关系中引用了该试点资料。

1. 试验研究任务与要求

试验研究内容：①大樱桃丰产条件的需水规律和调控措施；②每日连续滴灌与地面灌的对比试验；③负压给水管在田间应用，用微孔负压给水管做3种考核，一是尝试以微孔负压给水作滴灌管日连续控制给水的效果，二是超微压的渗灌，三是负压给水。试验分别在大连农科院、刘家、石河三地进行。下面介绍中主要侧重后两种试验，对需水规律试验从简介绍。

2. 试验设计与试验处理

试验场地设施：试验在温室中进行（图8-1），水源是自来水供水，首部有设计的自动灌溉控制器（图8-2）。

图 8-1　大樱桃试验温室

刘家、石河试验区试验分两项内容：适宜土壤湿度试验和灌溉方法试验，灌溉方法试验有三种，即滴灌、渗灌、负压给水。渗灌与负压给水试验采用负压给水管，是一种

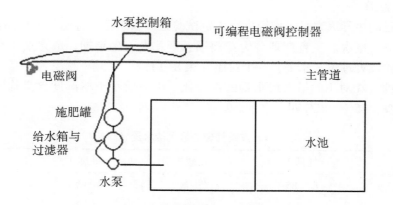

图 8-2　自动给水系统首部组成

埋入浅层土壤向植物给水方法，滴灌有两种，即用滴灌头和用负压管作滴灌管。水管是微孔负压给水管，结合大樱桃两项试验对微孔塑料负压给水管进行田间考核（图 8-3）。

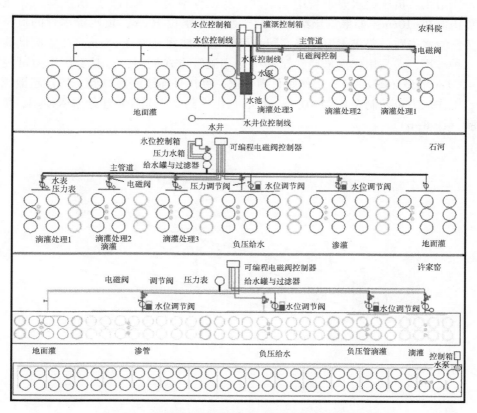

图 8-3　大樱桃温室灌溉及微孔负压管应用试验布置

3. 试验处理

试验项目的主导因素是土壤湿度,确定试验处理因子是生育期,主导因素分3个处理,每处理分4层次。生育期划分为花前期、开花期、坐果期、成果期4个生育阶段设。每生育阶段处理设3水平,一个对照(表8-1)。

土壤湿度(相对田间最大持水量的百分比,以下所示土壤湿度含义均同)处理设为55%,65%,75%,85%四个水平。

表8-1 灌溉处理的最大持水量(%)

项目	处理1	处理2	处理3	处理4
(1)花前期	80~85	75~80	70~75	花前水
(2)花期	70~75	68~72	60~65	
(3)坐果期	65~70	58~62	55~60	硬核水
(4)成果期	75~80	70~75	65~70	采后水

4. 试验区布置

负压给水:负压给水要求管中无空气,水在管中是连续的,这次试验的负压给水管,负压值在-10cm,如果负压给水管高于水桶中水位10cm,负压给水管的负压将破坏,负压给水失败。要求土地平整,同一毛管范围地面高差在±5cm。在本次试验中布置了三种应用,一是用作滴灌管,试验中采用滴管方式使用,这时工作压力可控制在0.02~0.1m水头(图8-4),用作每日灌1次,称作日连续滴灌试验。二是超微压渗灌试验,工作压力可控制在0.02~0.1m水头(图8-5)。三是作负压给水管使用,负压给水试验(图8-6)。

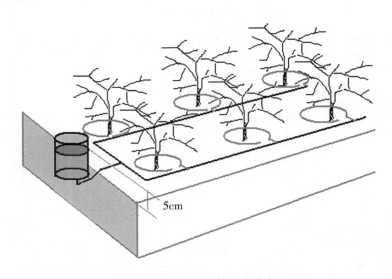

5cm

图8-4 微孔负压管作滴灌应用

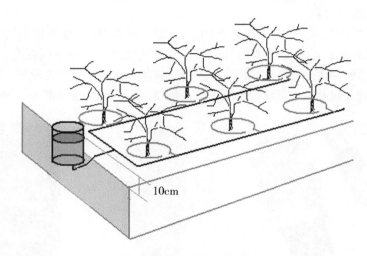

图 8-5　渗灌给水装置

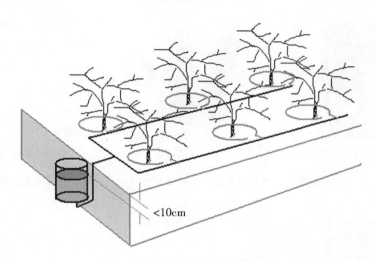

图 8-6　负压给水装置

5. 控制方法

在试验中，对于滴头式滴灌压力应用范围大，无须过分控制，但对于负压给水管的给水，因为是负压给水，则必须控制压力。负压给水管三种给水方法，如果试验中均匀度不理想，可从三方面调整：一是调节水位。在满足出水条件下，水位越趋近理想，高程越好。二是平整土地，使给水管高度一致。三是调换给水管，这次试验我们生产三种管，分别是 1 号（负压 -8cm）、2 号（负压 -11cm）、3 号（负压 -19cm）。其 Q-H 流量曲线不同，负压值也不同，可通过调换型号，以获得较好效果。

6. 试验观测内容

按灌溉试验规范进行了物候期调查、作物生长调查、土壤湿度观测、田间小气候观测、二氧化碳测定、气象观测。

7. 试验仪器与设备

土壤水分速测仪，产地英国，型号 ML2X，测定范围 1%～100% 体积比含水量，测定精度 1%。气象观测，小型综合手持气象站，手持气象站可观测空气湿度、温度、气压、风速、海拔等多种参数。二氧化碳测定，手持二氧化碳测定仪，产地瑞典。照度计：国产照度计。微电脑控制开关。可编程小型灌溉控制器，以色列产品（图 8-7 至图 8-9）。

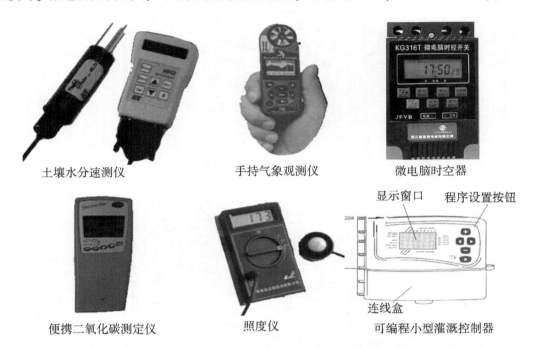

土壤水分速测仪　　　　　　手持气象观测仪　　　　　　微电脑时空器

便携二氧化碳测定仪　　　　照度仪　　　　　　可编程小型灌溉控制器

图 8-7　土壤水分速测仪、手持气象站、手持二氧化碳仪与照度仪、微电脑、控制器

图 8-8　负压给水装置

图 8-9　渗灌给水装置

8. 土壤水分与物理性参数测定

按灌溉试验规范测定土壤含水量、田间持水量、土壤渗透系数、土壤容重、比重、孔隙率、饱和含水量。

二、试验项目观测成果

微孔负压给水管应用是大樱桃灌溉试验的一部分，所以本章中只对有关负压给水管应用观测加以引用，其他部分不做介绍。

1. 土壤基本参数

测量了各站点的土壤参数见表 8-2 和表 8-3。

表 8-2　石河土壤最大田间持水量试验数据表

土壤深度	土壤体积含水量（%vol）
5～10cm 土层土壤标本	31.7
25～30cm 土层土壤标本	29.5
35～40cm 土层土壤标本	30.4
45～50cm 土层土壤标本	32.7
经过数据分析，田间最大持水量（%vol）	31.0

表 8-3　测得各试验点土壤基本参数表

试验地	土壤田持容积比（%）	干容重（T/m³）	土壤渗透系数（m/d）
农科院	29	1.3	
石河	31	1.35	1.4
许家窑	33	1.25	0.9

2. 三种负压给水管灌溉给水的土壤湿度观测

微孔管给水应用有两种对比，一是负压给水与微压渗灌的土壤湿度对比，二是负压管滴灌与滴灌器的滴灌土壤观测对比，如表 8-4、图 8-10 和图 8-11 所示。

表 8-4　石河不同处理土壤含水量

观测日期	负压灌（%vol）				渗灌（%vol）			
	50cm	30cm	10cm	平均值	50cm	30cm	10cm	平均值
2007/12/6	30.3	29.9	27.7	29.30	29.5	30.1	25	28.2
2007/12/8	26.8	26.9	17.8	23.83	30.3	22.5	20.6	24.47
2007/12/9	31.1	22.9	20.7	24.90	38.4	32.3	29.6	33.43
2007/12/24	30.2	29.4	24.7	28.10	34.5	31.2	26.2	30.63

（续表）

观测日期	负压灌（%vol）				渗灌（%vol）			
	50cm	30cm	10cm	平均值	50cm	30cm	10cm	平均值
2008/1/2	28.5	26	24	26.17	31.8	30.3	27.4	29.83
2008/1/10	21.6	25.2	22.1	22.97	25	27.2	24.1	25.43
2008/1/16	29.2	28.1	26.2	27.83	32.5	29.3	24.1	28.63
2008/1/24	28.4	27.5	16.8	24.23	30.7	29.1	23.5	27.77
2008/1/31	28.3	26.7	28.5	27.83	29.6	28.9	25.5	28
2008/2/15	28.9	24.5	23.4	25.60	24	27.4	22.6	24.67
2008/2/20	28.5	26.7	24.9	26.70	24.5	27.3	20.4	24.07
2008/2/26	28.2	28.1	28.3	28.20	23.8	23.5	19.8	22.37
2008/3/6	30.5	29.7	28.7	29.63	23	23	17.3	21.1
2008/3/12	29.9	26.8	26	27.57	25.3	23.3	18.4	22.33
2008/3/19	25.9	23.5	23.5	24.30	29.9	25.9	20.8	25.53
2008/3/26	24.7	25.3	22.4	24.13	26.3	23.1	19.6	23
2008/4/3	23.4	24.5	24	23.97	22.9	23.5	19.9	22.1
2008/4/16	22.7	22.9	21.2	22.27	24.3	24.9	16.8	22
2008/4/29	16.8	18.1	12.6	15.83	24.8	21.6	18.8	21.73

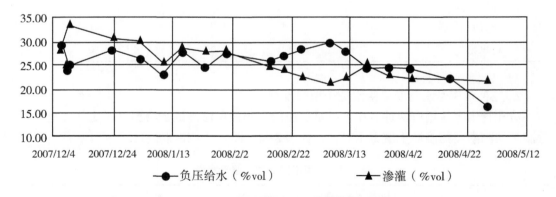

图 8-10　石河不同处理土壤含水量过程线

3. 日连续滴灌与地面管的对比观测

（1）灌水量与土壤湿度观测　日连续滴灌是分阶段调整日灌水量，有自动灌水控制器控制，人工分阶段调整。整理后的观测数值，绘在一张图上，见图 8-12至图 8-14。

（2）日连续控制滴灌与地面灌效益对比观测　在两年有控制连续滴灌试验中，灌

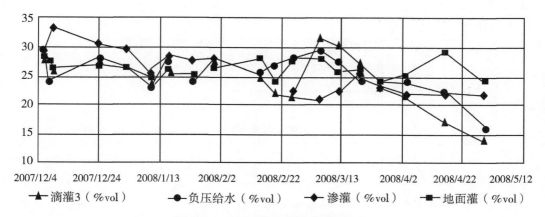

图 8-11 不同处理土壤含水量过程线

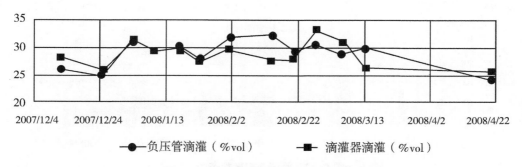

图 8-12 许家窑不同处理土壤含水量过程线

溉效果明显好于地面灌，连续灌溉可使给水过程线与需水过程线基本平行（图8-12），适时满足作物需水要求，保证土壤湿度处在最佳状态，作物生长良好，产量远高于地面灌，果品质量好（图8-15和图8-16），可增产20%～30%，同时增收3～5倍（表8-5）。

表 8-5 灌溉直接效益对比表

处理		试验 3	对比
灌溉方法		日连续滴灌	地面灌
单株产量	500g	35.00	24.17
果品质	果径 mm	44.60	30.60
价格	元/500g	80.00	20.00
千克耗水量	10kg	10.41	12.12
增产	%	44.83	
节水	%	16.49	
效益	元/每棵树	2 800.00	483.33
效益比	%	579.31	100.00

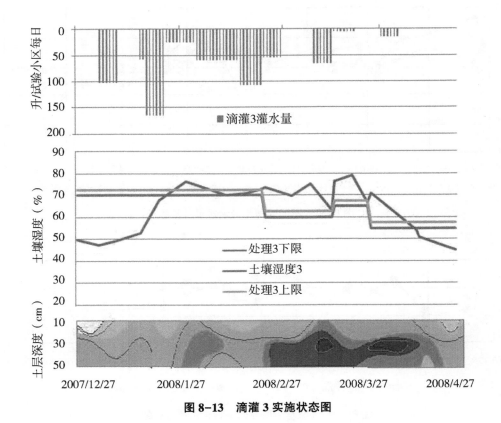

图 8-13　滴灌 3 实施状态图

三、微孔负压给水管给水试验成果

1. 微孔负压管在给水控制滴灌中的应用试验

从观测土壤含水量的过程线（图 8-11）中看出，微孔负压给水管与滴灌器的给水基本相同，而且比滴灌器给水均匀，是可行的。证明负压给水管不但可应用在负压给水系统，在有压控制条件下也是可行的。

2. 微孔负压管在超微压渗灌中的应用试验

从图 8-10、图 8-11 中看出，与滴灌、地面管、负压给水的土壤湿度，均在大樱桃适宜土壤湿度范围。其中个别点湿度是由于外界地下水补给造成。微孔负压给水管在超微压下可以用作连续给水，与普通渗灌相比，提高了自动控制能力，节约能源。

3. 微孔负压管负压给水试验

从观测土壤含水量的过程线（图 8-10）中看出，土壤湿度变幅较大，虽然总体实现了负压给水，但负压给水受设备影响、脉冲水压太高，以及灌溉控制器电池更换不及时影响，产生程序混乱，没能实现设计程序的稳定性。此试验在 2007 年（负压给水自动控制系统是 2009 年完成），是负压管的第一次试验，没有负压监测和控制系统。

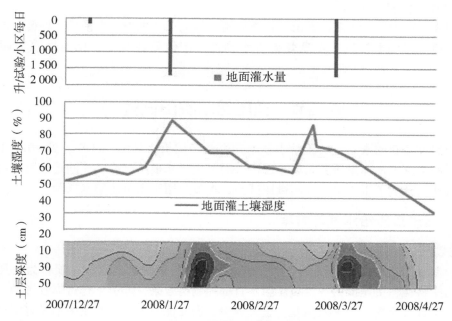

图 8-14　地面灌实施状态图

图 8-15　日连续滴灌与地面灌果径对比

图 8-16　适宜土壤含水量日连续滴灌坐果图

4. 日连续控制滴灌试验

从图 8-13、图 8-14 对比看出，日连续滴灌的优点表现为给水平稳，均衡，没有忽高忽低，给水与耗水接近。灌溉效果省水高产，产值效益高，相比地面灌提高数倍（表 8-4）。

第二节　负压给水农田试验

由于研究经费的限制，负压给水技术研究几经周折，延续了 7 年，到 2011 年，农科院灌溉所国家玉米体系研究人员在辽宁五间房做玉米根系试验，才同建平五间房灌溉试验站合作，开展了玉米负压和超微压试验，本节介绍玉米负压给水试验。

一、玉米负压给水试验方案

1. 试验研究任务与要求

（1）试验研究目的　对负压给水管初试成果进行田间试验考核，项目为负压给水管；水力学特性、负压能力等；负压给水首部控制器效果：连续工作可靠性考核，精准效果等；考核负压能力丢失及恢复：丢失频率，恢复能力考核；作物生态及籽实产量考核；耗水量及耗水过程记录。

（2）试验研究预期成果　通过 2011 年对负压给水管初试生产产品的考核评价，为中试生产提出改进意见；通过 2011 年 10 月的试验对 2009 年 5 月获得对负压给水系统首部结构进行考核，为优化产品定型提供参数。

2. 试验研究项目内容与方法

（1）试验负压给水系统两种工作状态下的给水效果。超微压状态（水位在 ±10cm）：考核给水效果，给水连续性，均匀性，土壤湿润程度及分布。负压给水状态（水位 -10~-2cm）：考核给水效果，给水连续性，均匀性，土壤湿润程度及分布。

（2）考核主要指标。首部控制系统工作稳定性：负压丢失频率，即两次丢失平均间隔时间，丢失规律。给水量变化规律：监测给水过程（每日两次，早 8：00，晚 6：00）

（3）需水量观测。观测土壤湿度变化（同一般灌溉），观测土壤含水量变化。

（4）一次性考核项目。给水稳定后土壤湿润剖面观测，绘制湿润分布图。负压给水负压丢失前后土壤含水量变差。

3. 试验设备与装置

负压给水系统首部装置：试验场地田间玉米地；水源：自来水；控制：可编程自动控制箱；水箱：可调节高低水箱；管路：主管由电磁阀控制，支管 PEφ10mm；负压给水器：由乳胶管与负压给水管连接而成，间距 30cm（图 8-17、图 8-18）。

4. 试验设计

负压给水与超微压给水试验布置在一块试验农田中，给水及控制设备全部自主研发（图 8-17、图 8-18、图 8-19）。

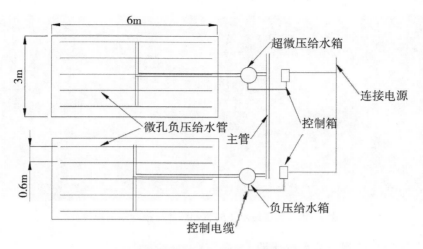

图 8-17 超微压、负压给水田间布置

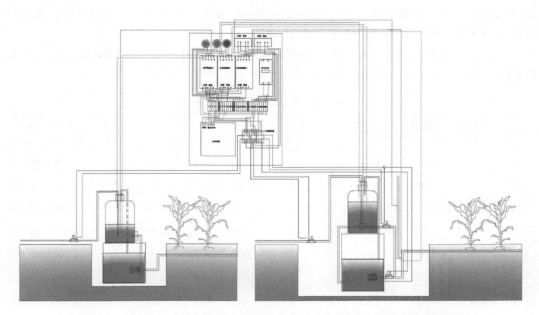

图 8-18 田间负压给水系统（右）与超微压（左）首部控制系统结构图

二、田间试验观测

1. 试验观测按灌溉试验规范检测

五间房试验站是省级重点试验站，建站 50 多年，承担水利部灌溉试验总站的课题任务，观测设备较齐全。观测项目有气象观测、土壤湿度观测、生育期调查、考种等。负压给水首部系统，按试验方案自制设备安装，主要保证负压给水的设计状态，及给水量的计量（图 8-19）。

图 8-19　负压给水田间首部照片与控制箱局部照片

2. 负压给水检测与给水量计量

首部系统保证负压给水状态，表 8-6 记录了每天自动加水次数，设备运行良好，由给水次数可计算出每日给水量。负压给水控制原理详见第七章。给水量计量，通过计数器与给水瓶下降深计算（表 8-6，图 8-19）。

从给水记录看出，负压给水控制系统运行正常。将给水记录绘制给水量过程曲线（图 8-20），看出日给水变幅很大，说明玉米各生育期差异很大。

表 8-6　负压给水试验记录表

日期	给水次数	一次水量（mL）	合计（mL）	日期	给水次数	一次水量（mL）	合计（mL）	日期	给水次数	一次水量（mL）	合计（mL）
6/25	5	4 900	24 500	7/24	5	4 900	24 500	8/22	18	4 900	88 200
6/26	38	4 900	186 200	7/25	8	4 900	39 200	8/23	33	4 900	161 700
6/27	38	4 900	186 200	7/26	25	4 900	122 500	8/24	10	4 900	4 9 000
6/28	38	4 900	186 200	7/27	3	4 900	14 700	8/25	7	4 900	34 300
6/29	11	4 900	53 900	7/28	2	4 900	9 800	8/26	7	4 900	34 300
6/3	11	4 900	53 900	7/29	2	4 900	9 800	8/27	4	4 900	19 600
7/1	0/8	4 900	3 920	7/3	2	4 900	9 800	8/28	4	4 900	19 600
7/2	0/8	4 900	3 920	7/31	4	4 900	19 600	8/29	4	4 900	19 600
7/3	7	4 900	34 300	8/1	4	4 900	19 600	8/3	4	4 900	19 600
7/4	37	4 900	181 300	8/2	5	4 900	24 500	8/31	8	4 900	39 200
7/5	13	4 900	63 700	8/3	5	4 900	24 500	9/1	8	4 900	39 200
7/6	32	4 900	156 800	8/4	3	4 900	14 700	9/2	10	4 900	49 000
7/7	32	4 900	156 800	8/5	2	4 900	9 800	9/3	15	4 900	73 500
7/8	32	4 900	156 800	8/6	3	4 900	14 700	9/4	12	4 900	58 800

（续表）

日期	给水次数	一次水量（mL）	合计（mL）	日期	给水次数	一次水量（mL）	合计（mL）	日期	给水次数	一次水量（mL）	合计（mL）
7/9	32	4 900	156 800	8/7	3	4 900	14 700	9/5	12	4 900	58 800
7/1	32	4 900	156 800	8/8	3	4 900	14 700	9/6	11	4 900	53 900
7/11	32	4 900	156 800	8/9	3	4 900	14 700	9/7	10	4 900	49 000
7/12	32	4 900	156 800	8/1	9	4 900	44 100	9/8	10	4 900	49 000
7/13	32	4 900	156 800	8/11	4	4 900	19 600	9/9	11	4 900	53 900
7/14	32	4 900	156 800	8/12	2	4 900	9 800	9/1	12	4 900	58 800
7/15	5	4 900	24 500	8/13	3	4 900	14 700	9/11	12	4 900	58 800
7/16	10	4 900	49 000	8/14	3	4 900	14 700	9/12	10	4 900	49 000
7/17	10	4 900	49 000	8/15	3	4 900	14 700	9/13	7	4 900	34 300
7/18	15	4 900	73 500	8/16	4	4 900	19 600	9/14	7	4 900	34 300
7/19	17	4 900	83 300	8/17	10	4 900	4 9 000	9/15	8	4 900	39 200
7/2	35	4 900	171 500	8/18	13	4 900	63 700	9/16	8	4 900	39 200
7/21	33	4 900	161 700	8/19	8	4 900	39 200	9/17	7	4 900	34 300
7/22	2	4 900	9 800	8/2	9	4 900	44 100	9/18	7	4 900	34 300
7/23	4	4 900	19 600	8/21	9	4 900	44 100	9/19	9	4 900	44 100

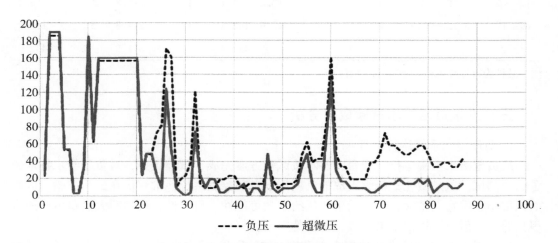

图 8-20　负压、超微压移栽期给水量过程曲线

3. 土壤含水量观测

表8-7是土壤含水量观测结果，看出除7月2日（降雨）外土壤含水量很均衡，折算相对湿度也在玉米生育适宜湿度范围。

表 8-7　土壤含水量与土壤相对湿度

日期	生育阶段	土壤含水量（%）	相对湿度（%）	日期	生育阶段	土壤含水量（%）	相对湿度（%）
6/25	移栽	12.8	60.95	8/1	抽穗期	12.3	58.57
6/29		13.05	62.14	8/11	灌浆期	11.9	56.67
7/1	七叶期	13.15	62.62	8/21		12.75	60.71
7/2		16.45	78.33	9/1		12.65	60.24
7/11	拔节期	13	61.90	9/11		12.65	60.24
7/21		13.3	63.33	9/19	成熟期	12.25	58.33

4. 负压给水试验各生育阶段观测数据统计

表 8-8 综合列出负压给水试验各生育阶段的观测数据。

表 8-8　负压给水玉米给水试验各生育阶段观测数据

生育期	时期（月日）	天数（天）	降水量（mm）	始期土含（%）	灌水（mm）	末期土含（%）	阶段耗水量（mm）	日耗水量（mm）	水面蒸发（mm）
移栽	6/25—7/1	7		14	57.45	13.9	58	8.29	50
出—拔	7/2—7/11	10	37.2	13.9	102.15	13.3	142.7	14.27	57.7
拔—抽	7/12—8/1	20	68.1	13.3	114.9	13.2	183.6	9.18	85.2
抽—灌	8/2—8/11	10		13.2	14.1	12.9	15.8	1.58	53.2
灌—成	8/12—9/19	40	67.9	12.9	142.8	12.7	211.8	5.3	186.8
合计		87	173.2		431.4		611.9		432.9

注：品种为万浮 8 088，3 500 株，2011 年

三、玉米负压给水试验成果分析

1. 负压给水系统运行正常

从负压给水系统运行过程看，基本按试验方案完成了试验任务，对负压给水技术做了综合测试。这是微孔塑料管组成的负压给水自动控制系统，第一次在田间试验，虽然面积很小，但意义重大，它揭示了负压给水的可能性、可行性，虽然距大面积生产还有很长的路，但总算迈出了第一步，可喜的第一步。

（1）控制系统的验证　从表 8-6 和图 8-20 看出，负压给水系统每日实现了连续给水，控制系统实现了对给水箱（或瓶）的水位控制，最高每日 38 次（负压试验玉米是移栽），最低是每日一次。

（2）负压状态的验证　从给水的连续性，给水过程的波动性，证明负压状态得到保证，是负压给水管控制了给水强度（表 8-6 和图 8-20），当玉米的需水减弱时，微

孔负压管输水速度下降。同时，也证明负压监控系统保证了负压状态的稳定运行。

（3）负压恢复功能的验证　在整个生育阶段，虽然没有设置负压丢失次数的记录，但给水的计数检测技术，也证明用同样的负压丢失检测装置是可靠的，因为负压状态得到了保证，所以负压恢复技术是成功的。

2. 试验成果分析

本次试验主要目的是负压给水技术的田间考核，从全生育期正常运行状况验证了负压给水技术是可行的，研制设备是可靠的。但是对在负压给水下的玉米生态、生理、产量状况没有安排试验处理，只做了一般产量记载。

（1）负压给水的特点　从图8-20负压给水量变化看出，①作物需水与供水相平衡：每天给水量变化很大（图8-20、图8-21），但土壤湿度变化很小，水量消耗在维持作物生长与环境的调节中。②作物主动吸水：供水多少是作物主动吸取，作物的吸取

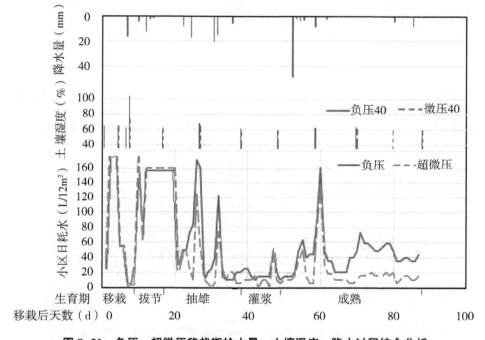

图8-21　负压、超微压移栽期给水量、土壤湿度、降水过程综合分析

是根据植物智能对环境的判断做出的，这可从每日给水量与气象因素变化看出（图8-20、图8-21、图8-22）。如图中作物前期给水量很大，是因为负压试验玉米是移栽，缓苗作物需要大量的水分，作物中期雨季到来，空气湿度增加，雨水增多，日给水降到最低。显示了植物的智能表现。③自动化植物智能化：与人工灌溉相比，实现作物水分管理，实现了高度的自动化。④提高作物水分管理效率：管理的自动，给水的智能化，提高了水分管理效率。⑤节水节能：虽然本次负压用水较高，是因为负压采用了移栽玉米，无法同种植玉米相比较，没能获得省水数据，但从土壤湿度对比看出，负压和人工灌溉比较，土壤湿度始终保持在合理状态，没有忽高忽低（图8-23），水分无效消耗要

小于人工灌溉。节能是很明显，无须论证。

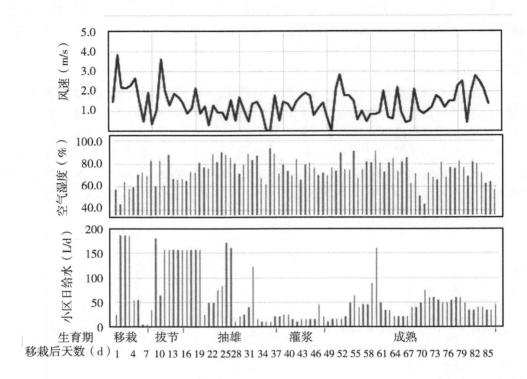

图 8-22　气象因素对日给水过程的影响对比分析

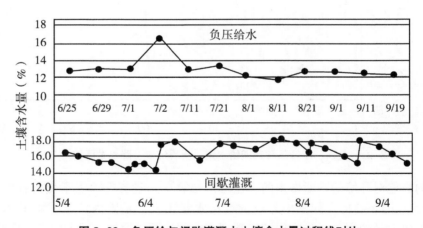

图 8-23　负压给与间歇灌溉水土壤含水量过程线对比

（2）试验不足　由于多种原因，没能进行在负压给水系统下，作物的增产、节水、节能的详细处理试验，没能获得准确的数据，需要后人开展研究，寄望未来的研究人员在不断改进负压给水器的基础上深入研究。

第三节　超微压给水田间试验

一、超微压现象发现

2007 年 10 月，与山东省莱芜市润华节水灌溉技术有限公司合作研发微孔负压管。在测试负压管的负压性能时，发现在高于零压 10cm 左右时，负压管埋在土壤中，给水时土壤处于饱和状态时，给水停止，没有发生供水不断流入土壤现象，供水终止 1~2 天，但到第 3 天，试验高级工程师芦玉发现负压给水又开始向土壤供水。后经过反复试验，该现象依然存在。后来把这种给水定义为超微压给水，超微压给水具有负压给水连续给水特征。

二、超微压给水工作原理

图 8-24 是微孔负压给水管在超微压给水时，三种力在透过微孔管壁的作用示意图，三种力分别是 A 管内超微压的水压力（定义为给水源压力在 0~20cm）；B 微孔管管壁厚度对水通过时的阻力；C 土壤含水势能具有的吸力（即土壤水势，为负值）。

第一种状态，超微压给水向土壤供水，此时：

$$|C| + A > B \qquad (8-1)$$

第二种状态，超微压给水向土壤供水停止，此时：

$$|C| + A < B \qquad (8-2)$$

这时土壤水势在趋于饱和状态时，土壤水势趋近零状态，而 A 超微压处在小于或等于 B 微孔阻力状态，负压给水处在停止状态。

第三种状态，超微压给水恢复，此时：力的平衡恢复了公式 8-1 状态。因为土壤在作物生长消耗后，土壤水势增大（负值增加）。

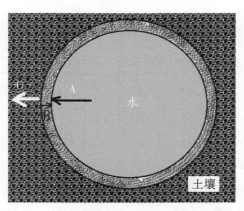

图 8-24　微孔负压给水管超微压工作原理

三、超微压给水田间试验观测

超微压给水是负压给水的延伸，而零压是超微压的特例，零压、超微压都具有负压给水的特性，即能连续自动向作物给水，以作物的智能控制。改变了人为控制的特点。

在负压给水的试验中已经对首部做了介绍，这里不再从复。

下面只将试验记录展现，以佐证试验是成功的。

1. 超微压给水系统首部装置

在超微压给水状态下给水管内水压大于零，所以无负压丢失问题，不需负压恢复（图8-25）。

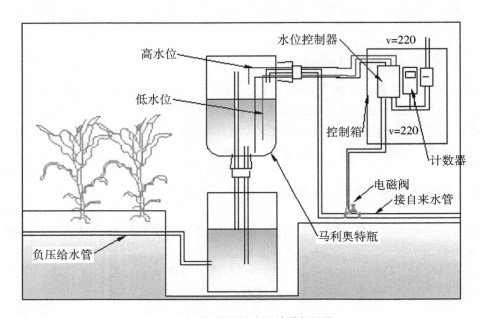

图8-25　超微压给水系统首部结构

2. 超微压给水量观测记录（表8-9）

表8-9　超微压给水量观测记录表

日期	次数	水量（mL）	合计	日期	次数	水量（mL）	合计	日期	次数	水量（mL）	合计
6/25	5	5 000	25 000	7/24	0	5 000	0	8/22	15	5 000	75 000
6/26	38	5 000	190 000	7/25	1	5 000	5 000	8/23	27	5 000	135 000
6/27	38	5 000	190 000	7/26	15	5 000	75 000	8/24	6	5 000	30 000
6/28	38	5 000	190 000	7/27	5	5 000	25 000	8/25	3.5	5 000	17500
6/29	11	5 000	55 000	7/28	2	5 000	10 000	8/26	3.5	5 000	17500
6/30	11	5 000	55 000	7/29	4	5 000	20 000	8/27	2	5 000	10 000

（续表）

日期	次数	水量（mL）	合计	日期	次数	水量（mL）	合计	日期	次数	水量（mL）	合计
7/1	0/8	5 000	4 000	7/30	4	5 000	20 000	8/28	2	5 000	10 000
7/2	0/8	5 000	4 000	7/31	1	5 000	5 000	8/29	2	5 000	10 000
7/3	7	5 000	35 000	8/1	1	5 000	5 000	8/30	2	5 000	10 000
7/4	37	5 000	185 000	8/2	2	5 000	10 000	8/31	1	5 000	5 000
7/5	13	5 000	65 000	8/3	2	5 000	10 000	9/1	1	5 000	5 000
7/6	32	5 000	160 000	8/4	2	5 000	10 000	9/2	2	5 000	10 000
7/7	32	5 000	160 000	8/5	3	5 000	15 000	9/3	3	5 000	15 000
7/8	32	5 000	160 000	8/6	0	5 000	0	9/4	3	5 000	15 000
7/9	32	5 000	160 000	8/7	2	5 000	10 000	9/5	3	5 000	15 000
7/10	32	5 000	160 000	8/8	2	5 000	20 000	9/6	4	5 000	20 000
7/11	32	5 000	160 000	8/9	0	5 000	0	9/7	3	5 000	15 000
7/12	32	5 000	160 000	8/10	10	5 000	50 000	9/8	3	5 000	15 000
7/13	32	5 000	160 000	8/11	2	5 000	10 000	9/9	3	5 000	15 000
7/14	32	5 000	160 000	8/12	1	5 000	5 000	9/10	4	5 000	20 000
7/15	5	5 000	25 000	8/13	2	5 000	10 000	9/11	3	5 000	15 000
7/16	10	5 000	50 000	8/14	2	5 000	10 000	9/12	4	5 000	20 000
7/17	10	5 000	50 000	8/15	2	5 000	10 000	9/13	1	5 000	5 000
7/18	5	5 000	25 000	8/16	3	5 000	15 000	9/14	2	5 000	10 000
7/19	2	5 000	10 000	8/17	7	5 000	35 000	9/15	3	5 000	15 000
7/2	25	5 000	125 000	8/18	10	5 000	50 000	9/16	3	5 000	15 000
7/21	11	5 000	55 000	8/19	3	5 000	15 000	9/17	2	5 000	10 000
7/22	2	5 000	10 000	8/20	1	5 000	5 000	9/18	2	5 000	10 000
7/23	1	5 000	5 000	8/21	1	5 000	5 000	9/19	3	5 000	15 000

3. 超微压给水综合观测记录（表8-10）

表8-10　超微压给水综合观测记录表

生育期	日期	天数（天）	始期土含（%）	降水（mm）	灌水（mm）	末期土含（%）	阶段耗水量（mm）	日耗水量（mm）	水面蒸发（mm）
移栽	6/25—7/1	7	12.8		59.1	13.2	56.9	8.12	50

（续表）

生育期	日期	天数（天）	始期土含（%）	降水（mm）	灌水（mm）	末期土含（%）	阶段耗水量（mm）	日耗水量（mm）	水面蒸发（mm）
出—拔	7/2—7/11	10	13.2	37.2	91.05	13	129.4	12.94	57.7
拔—抽	7/12—8/1	20	13	68.1	83.4	12.3	155.4	7.77	85.2
抽—灌	8/2—8/11	10	12.3		10.35	11.9	12.6	1.26	53.2
灌—成	8/12—9/19	40	11.9	67.9	64.65	12.3	130.3	3.26	186.8
		87		173.2	308.55		484.6		432.9

四、超微压给水田间试验结果

通过田间玉米超微压系统给水试验观测看出以下结果。

1. 超微压给水系统试验设备运行正常

超微压给水首部系统设备简单，不需要负压丢失的检测，负压给水管能自动按植物需要，不断地自动供给水分，只要安装水位控制器，植物就能获得充足的水分。

2. 土壤含水量得到同负压给水同样的平稳湿度

从图 8-21 与表 8-9 可以看出，土壤湿度一直控制在适宜湿度范围，没有出现土壤过湿状态，表明虽然水源是有压的，但负压管控制了给水，能让植物智能地从给水系统中获得水分，不会出现水流不断地向土壤中流动，产生土壤饱和或涝灾。

3. 证明超微压是可行且自动的给水方法

从实验全过程看出，实验达到预期效果，证明了超微压自动给水理论成立，给水方法可行，是植物智能给水的最佳方法之一。

第九章　双节给水理念

第一节　双节给水理念

地球的资源是有限的，但人口随着科技的进步不断增加，人类的生活物资需求随着城市化不断发展也迅猛地增加。进入 20 世纪，人们开始认识到水资源的缺乏，发现人类灌溉用水消耗太多，需要提高用水效率，于是发明了有压节水灌溉方法。这种方法首先在西方发达国家出现，并逐步向发展中国家传播。我国是世界灌溉大国，水资源更显紧缺，从 20 世纪 70 年代开始发展有压节水灌溉，但发展缓慢，因为能源的限制，无法满足大面积发展有压高能耗的节水方式。根据我国国情，在参加 30 多年的有压节水灌溉工作中发现，有压节水灌溉只节水却推高了能源的消耗，这对于能源缺乏的我国，要解决节水也必须解决节能，才能解决我国十几亿亩土地的灌溉问题，故从 2005 年开始研究负压给水技术，解决双节作物需水问题。

一、双节给水提出的缘由

灌溉是水利与农业紧密连接的事业，要用水利中灌溉工程为农业发展保驾护航，确保我国在任何时期满足民族生存和世代美好的生活，我们的祖先留下宝贵遗产，创造了世界上最多的人口和灿烂的文化。今天面对不断增长的人口压力和有限的资源，我们要在新的条件下，完成民族复兴，走入智能社会，为子孙、为人类将灌溉事业创新发展，开辟中国道路。

我国灌溉事业已获得突飞猛进的发展，2018 年灌溉面积 73 946 千公顷，其中耕地 67 816 千公顷，喷微灌节水面积 10 561 千公顷。由于我国的特有环境条件及旱涝频发的特点，我国灌溉面积仍然处在上升阶段，平均每年仍然有近 20 000 公顷耕地遭受干旱威胁。世界进入 21 世纪，水利灌溉与农业科技进入了智能化阶段，对于水利灌溉工程提出了向集约化、网络化、智能化发展的目标；对农业服务提出绿色化、信息化、智能化的目标。从现状出发，距离实现这些目标还有很长路要走。

虽然我国地域辽阔，资源丰富，但 14 亿人口分摊后，一切都显得不足（表 9-1、表 9-2），加之东西、南北自然条件差异很大，气候时空分布变异明显，干旱洪涝灾害交替发生，在世界发达国家进行工业革命时我国长期处于小农经济的落后状态，虽然信息化时代我国大跨步地追赶，但国民经济、技术基础落后很多。更重要的是，我国灌溉面积占耕地的 50%，占国土面积的 7%，而美国灌溉面积占耕地的 13%，占国土面积的 2%。但两国能源资源如石油、天然气、煤，美国都是中国 2 倍多，这些条件限制了两国在灌溉现代化上要走的道路。

表 9-1 中国与发达国家主要农业指标差距

对比	经营规模 （公顷/户）	单产 （kg/hm²）	生产效率 （%）	供养人口 （口/农民）	灌溉效率 水利用率	化肥用量 （t/千 hm²）	机械化台 （100km²）	文化> 中专
中国	0.47	5 000	1~2	100/50	0.5	366	120	<5%
发达国家	65	6 000	100	100/2	0.8~0.9	60~150	300~600	>50%
差距	高 100 倍	平	近 100 倍	高 25 倍	高 1 倍	不利	高 2~4 倍	>10 倍

注：资料来源于近年联合国粮农组织数据库

我国必须依据本国的社会制度、灌溉历史、自然环境、土地、水资源、能源资源条件，走适合中国的灌溉现代化、信息化、智能化的道路，那应该是节水、节能、智能、高产的现代化道路，以满足众多人口对生活物资的需求。

表 9-2 中国与世界最大面积国家灌溉因素对比

项目		中国	俄罗斯	加拿大	美国	巴西
面积（万 km²）		960	1 707	998	937	851
耕地（万 km²）		150	123	47	167	66
人口（亿）		14	1.4	0.33	3.1	1.98
人均耕地（km²）		0.115	0.879	1.424	0.539	0.333
人均耕地对比（倍）		1	8	12	5	3
降水量 （mm）	平均	650	530	736	936	1640
	变幅	20~ 3 000	100~ 2 500	180~ 1 400	100~ 1 600	1 000~ 2 900
水资源	总量（万亿 m³）	2.8	6.54	2.9	3.05	6.95
	人均（m³）	2 153.85	46 714.29	87 878.79	9 838.71	35 101.01
	对比（倍）	1	22	41	5	16
能源储量	总量（10 亿 t 油当量）	174.8	130.2	32.4	182.7	6.5
	人均（吨）	134	930	982	589	33
	对比（倍）	1	7	7	4	0.2
能源消费	总量（10 亿 t 油当量）	3.053	0.673	0.329	2.272	0.298
	人均（吨）	2.3	4.8	10	7.3	1.5
	对比（倍）	1	2.1	4.3	3.2	0.7

（续表）

项目		中国	俄罗斯	加拿大	美国	巴西
灌溉面积	总量（km²）	678 160	46 000	7 850	247 523	29 200
	总量对比	1	0.07	0.01	0.36	0.04
	其中喷滴（km²）	10 561	—	—	139 936	—
	喷滴/总量（%）	13%	—	—	56.60%	—
	人均（hm²）	0.052	0.033	0.024	0.08	0.015
	发展趋势	在增长	持平	持平	在下降	微增
	现代化水平			已现代化	已现代化	

注：资料来源于近年 BP 世界能源统计年鉴 2017、联合国粮农组织数据库

　　我国约有五千年的灌溉实践，认真总结，会找到弯道超车的捷径。20 世纪发达国家提出了有压节水技术，促进了灌溉节水的明显效果，这些国家灌溉面积小，能源多（表 9-2），所以发展很快。但是我国灌溉面积大，能源缺乏，1970—2017 年我国节水（喷微灌）面积只占 13%，与发达国家 80% 的比例相差悬殊。原因很简单，有压灌溉节水不节能，高能源的节水技术发展缓慢。我国无论水田旱田都需要走节水节能高产的发展道路。但人们对节水节能的给水理论研究不够，投入不足。进入 21 世纪，我国研究人员先后提出微压、零压、负压、毛细等给水技术，未来要增加低压与零压灌溉给水技术投入，提倡双节给水理念，缓解我国工业与城镇化对能源迫切需求的矛盾，加快追赶速度。

　　西方发达国家已觉醒有压灌溉和能源不足的矛盾，其中以色列 90% 以上的农田、100% 的果园全部滴灌化，并向微压低流量（0.5L/h）滴灌发展，在重力和毛细管的作用下进入土壤，使土壤经常保持最优含水状况。从以色列的发展方向看出，我国提出的微压间断性低压滴灌和连续性零压及负压给水理论是趋同的。我国要走新一代双节给水路线，从人工控制的间隔式灌溉向植物智能式的微压负压给水技术发展，因地制宜利用有压灌溉；从水田向间歇式湿润给水模式发展，力争在较短时间赶超发达国家节水节能的灌溉水平。

二、双节给水的特点

　　双节给水以植物智能负压给水技术为主，植物负压给水系统是利用植物水分生理特性，利用土壤张力特性（图 9-1），实现植物对水分连续自动获取，改变间歇灌溉概念，变"灌"为"给"，变"断续"为"连续"，变人给的"被动"为植物获取的"主动"。植物负压给水系统是利用土壤张力将管道中水吸取到负压给水头（管）中，然后再吸取到土壤中，代替现有灌溉中"喷灌、滴灌、渗灌、地面灌"有压灌溉，称为负压代替有压，达到节能；以负压给水下土壤的非饱和运动，替代现有灌溉土壤的重力水运动，减少土壤渗漏和蒸发损失，达到节水；以植物连续主动从管道中需要多少吸取多少需给平衡，代替现有间歇式灌溉造成的忽多忽少状态，达到精准，最终得到高

效。植物负压给水系统与灌溉系统不同之处，可以总结为"三变三替一高效"。

植物负压给水系统的物理体系核心是由"负压给水头"与"零压阀"（将有压水变成负压的转换阀）组成，其他水泵、管道与现有灌溉系统一致。而自动控制部分简单，管道部分是靠水压驱动"零压阀"，不需要电磁阀与电缆。系统不分大小连续向管道中给水，泵站靠压力控制自动启闭全系统，大大促进了农业灌溉现代化发展。植物负压给水系统可应用于农作物、蔬菜、林木、花卉、果树、牧草等植物类需水自动给水。植物负压给水系统的应用不限地形，可平原，可山地（梯田）。植物负压给水系统可应用于旱田和水田。

植物负压给水系统是利用土壤张力，将水由低于给水头的水管中吸取到给水头中，这一过程称"负压吸水"，土壤由给水头中吸取水称"负压给水"，给水头张力是按植物生长最佳土壤张力设计，土壤中张力与给水头张力平衡，土壤水分就不再增加，当植物从土壤吸取水分，张力失去平衡，负压给水头继续向土壤中供水，再达到新的平衡；如植物不从土壤中吸取水分，负压给水头就停止供水。该系统给水多少决定植物需要，靠生物需水自然规律达到给水的自动化，从而做到了植物需水的科学精准。对植物从土壤水分中吸取水分的"力""能""势""位"等概念早在1907年的后续40年间世界各国有多人研究，直至今天，人们只限于这一过程的理论解释、数值测定、界限界定、测定方法上，没有应用这一原理制作物理系统，作为满足植物生长的需要。植物负压给水系统填补这一空白，它使满足植物需水要求不仅有"灌""浇""喷""滴"的有压形式，又多了一种"给""供"负压方法，"灌""浇""喷""滴"的方法模拟了自然界降雨行为，而"给""供"负压方法模拟了自然界地下潜水对植物的给水行为。

负压给水关键是如何获得负压，在自然界潜水对植物的给水，是靠土壤毛管力，将低于根系 1~2m 多的地下水吸到地面，植物负压给水系统的核心技术是"负压给水头"，负压给水头模拟土壤张力，将管道中的水吸引到给水头中，该负压给水头是由沙、石英、水泥或陶土、废瓷颗粒加工制作，之后为适应农业自动化、智能化需要，研发出微孔负压管。使负压给水头（管）张力与植物生长适宜湿度时的土壤张力相当，负压给水头（管）张力控制了对土壤的给水强度，使土壤湿度维持在最佳状态。

三、双节给水与有压节水灌溉的区别

双节给水与有压节水灌溉的区别可以总结为以下几点。

1. 双节给水与节水灌溉理念不同

双节给水与灌溉的区别，一是供水理念不同，一个是给水理念，另一个是灌溉理念，给水是以植物吸取控制需水量的多少，而灌溉是人来控制供水的多少；二是供水制度不同，一个是连续供水，另一个是间歇式供水，由此会造成很多差别。对植物的给与灌的理念差别，会引起供水理论、方法、机具、效果等一系列的不同，给水是利用植物水分生理特性，利用土壤张力特性，实现植物对水分连续自动获取，改变间歇灌溉的理念，变"灌"为"给"，变"断续"为"连续"，变人给的"被动"为植物获取的"主动"。

2. 节水节能

节水是属于局部给水，节能是采用负压技术，无须压力。有压灌溉需要水压，耗能

（图9-1）。

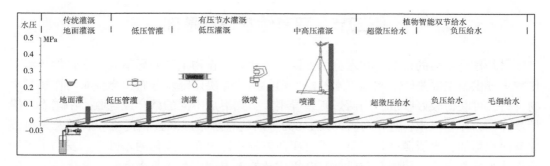

图9-1　双节给水与有压节水灌溉对水压的需要

3. 连续给水

供水是负压给水器，采用负压控制，由土壤水势从负压给水器，以水平衡原理获取水分。对水分的获取是连续的，灌溉是间歇式的灌水。

4. 植物智能控制

植物是生物，利用植物的生物特性，用水控制权交给植物本身。灌溉技术是由人采用各种技术来控制。即使智能灌溉，也依然是人工智能。植物智能不需要复杂的控制设备。

5. 植物智能取水

用水由植物主导，植物根据环境、生长需要决定何时吸水，需多需少由植物决定（图9-2）。有压灌溉是人主导，决定何时灌溉，灌水多少由人来决定。图9-2是负压

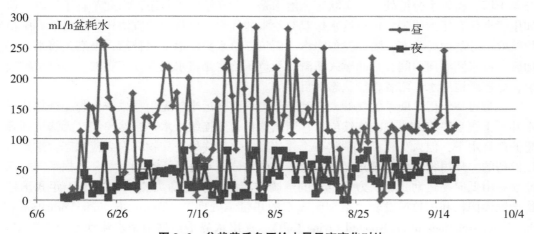

图9-2　盆栽黄瓜负压给水量昼夜变化对比

给水黄瓜盆栽试验耗水记录，供水结构类似图9-4中2A中形式，在连续给水状态下，水的失去量与植物蒸腾量是相等的，给水与需水过程线图是一致的，是平行的。如果采用间歇灌溉，一次灌水要满足多天的水量需要，但耗水是分时消耗，供水过程线与需水过程是交叉的。试验证明双节给水技术是一种全自动化，无须传感设备，低耗能、低耗

水、低耗材、低成本的作物水分调节技术，应用前景十分广阔。

第二节　双节给水理论基础

水是作物生命的根基，在水分的不同环境状态，作物生态差异很大。在自然环境下作物水分供给主要是降水和地下水补给，但供给状态决定降水分布，当分布与作物需水吻合时，可获得较好收成，当两过程差异很大，则形成不同的减产或绝收。中国农耕伊始就开创为作物溉水，近年考古发现 8 000 年前就有水稻灌溉且相传至今。随着人口及灌溉面积增加，水资源凸显不足，近百年西方发达国家在工业化的基础上，发明了多种有压节水灌溉方法。我国从 20 世纪 70 年代开始大力推广有压节水灌溉，它虽然能产生节水效果，但能耗远比地面灌溉大。在我国水量、土地、能源三资源同等重要，也同样紧缺，为保证粮食供给的稳定，未来灌溉面积还会有所增加，寻找双节（节水节能）的灌溉方法，走出一条中国式的节水节能给水模式，作者为此探讨了 10 多年，提出双节理论。

一、作物双节给水理论基础

灌溉与节水灌溉的基本理论是人工间歇式向作物补充水分，其核心是向土壤灌水，地面灌要在地面建立一定厚度的水层，产生流动，向远处延伸，缺点是用水量大。有压节水核心是无须在地面建立水层，实行分散细化水滴向土壤灌水，为此需要将水流用压力分化为水滴，所以称为有压节水灌溉，其优点是节水，但耗能增加数倍。

双节的理念是向作物根部给水，在作物不需水状态下水能停留在给水器中，此时水分与土壤、植物水分链处于平衡状态，给水是一种连续供给状态，由此节省了压力。假如用喷灌作有压的代表，负压给水作双节给水的代表，可将两种方法比作在自然界中植物获取水分的两种状态：喷灌类似降水，而负压给水类似地下水补给，喷灌是将水人工加压变成水滴洒向田间，是间歇式灌溉；而负压给水是将水送入地下管网，等待植物吸取，是连续地给水，两者耗能状态一目了然。

热带有一年雨旱两季的气候，连续半年有雨而又近半年无雨，旱季作物完全靠地下水补给土壤水，这是典型的连续给水，当然这种自然连续给水是自然控制，无法达到理想的产量水平，但人工模拟这种状态，并使其给水始终处在作物有求必应状态，这是可以做到的。从植物水分生理角度看，植物体内水分循环是负压运动，水分由根系向叶面流动是由低向高运动，驱动力是空气的蒸腾力与植物的生命力相结合，1941 年我国植物学家汤佩松和王竹溪发表 "活细胞吸水的热量学处理"（Thermodynamic Formation of the Water Relations in an Isolated Living Cell），提出水势是植物细胞水流动方向的判据，植物体内的细胞吸力（水势）连成负压水循环系统，这一过程可用图 9-3 表示。

1887 年荷兰化学家凡特何夫（J. H. Van't Hoff）对渗透压研究后提出 Van't Hoff 方程，用来计算渗透压 π，其方程：

$$\psi_S = -\pi = iCRT \tag{9-1}$$

式中：ψ_S——溶液的渗透势（MPa）

R——气体常数［0.008314MPa・L/(mol・K)］

T——绝对温度，即 273+t℃

C——溶液的质量摩尔浓度，以 mol/kg H_2O 为单位

i——溶液的等渗系数（代表电解质解离后的粒子数）

植物蒸腾拉力是大气蒸气压与气孔下腔中水蒸气压之差。可用大气水势 Ψq 表达：

$$\Psi q = RT/v_{w,m} \, lnRH = 1.06TlgRH \text{（MPa）} \tag{9-2}$$

式中：R——气体常数

T——绝对温度（273+t）

$v_{w,m}$——偏摩尔体积

RH——大气相对湿度

如果将有负压控制力的给水器埋入土壤（图9-3），给水器就加入作物体水分的负循环系统，以土壤的吸水力从负压给水器中吸取水分，当土壤吸力小于给水器的负压时，土壤吸水停止，相反土壤干旱时吸力增加，吸力大于给水器的负压，给水器又开始供水。给水器的负压与负压给水器微孔大小有关，负压力等于水膜抗压力，水膜的压力 Δp 与水膜张力 F_s 平衡：

$$\pi Dr^2 \times \Delta p = F_s = \delta \times L \, cos\theta = \delta \times \pi 2Dr \times cos\theta \tag{9-3}$$

化简上式：　　　　　　　　　　$Dr = 2\delta \times cos\theta/\Delta p$

式中：Dr——微孔半径

δ——水表面张力系数

θ——液体滤膜材料的浸润角

Δp——气体作用在毛细管孔上的净压力

L——微孔周长

由9-3式即可设计不同土壤和作物需要的给水器。

表9-3　微孔塑料负压给水管数学模型计算出不同微孔的负压值

序号	水分子直径（nm）	微孔与水分子直径比	微孔直径（um）	水表面张力系数（n/cm）	水面可抗力 Δp（n）	折算压力（kg）	水柱高（cm）
1	1.9	10 526	20	0.00071	0.502	0.051	51.232
2	1.9	21 053	40	0.00071	0.251	0.026	25.616
3	1.9	31 579	60	0.00071	0.167	0.017	17.077
4	1.9	52 632	100	0.00071	0.100	0.010	10.246
5	1.9	78 947	150	0.00071	0.067	0.007	6.831
土壤	1.9	10 526	2~20				50~500

二、作物双节给水的主要方法

双节给水特点，一是给水器不需要压力，具有明显节能效果；二是作物主动吸水，

参数类别	MPa	
蒸腾拉力	−1	−150
叶面吸力	−0.2	−0.8
茎秆吸力	−0.18	−0.75
根系吸力	−0.15	−0.7
土壤吸力	−0.001	−0.06
土壤毛细吸力	−0.01	−0.04
负压给水器	−0.0005	−0.005
地下水面吸力	0	

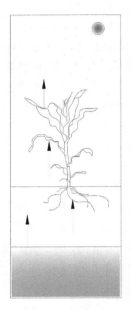
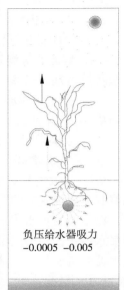

负压给水器吸力
−0.0005 −0.005

图 9-3   自然界地下连续自动给水与负压连续自动给水原理

具有连续供水特性，需水量由作物控制。目前具有这种特点的供水技术有 4 种。

1. 负压给水

负压给水主要部件是负压给水器，给水器具有负压控制水分向外释放能力，当土壤水势与负压力平衡时，供水停止（图 9-4A）。这与我国古代的瓦瓮给水类似。

2. 超微压给水

当负压给水在零压或略高于零压（<10cm），负压给水仍然具有连续自动控制能力，是在负压给水试验中发现的给水器控制能力（图 9-4B）。

3. 毛细给水

毛细给水是用纤维制成的毛细给水器，与负压给水不同是利用纤维的空隙毛细现象将水分输送到土壤中（图 9-4C）。与自然界地下水补给作物类似。

4. 浸润给水

是用于水田的湿润给水方法，其特点是由定水位的浸润沟或开孔管连续向水田湿润给水，而用水多少决定水生作物的蒸散速度，不是由人为确定定额（图 9-4D）。与我国古代的遥润相似。

三、双节给水与有压节水灌溉对比

表 9-4 列举了两种给水与灌溉的区别和优缺点，在 15 个项目中，双节给水与有压灌溉相比，只有一项处在劣势，一项持平，其他项目都优于有压灌溉。当然双节的技术难度现阶段处于开发阶段，还不能普及，需要继续攻克不少难关，但随着技术的进步，在材料、生物智能、信息 5G 技术的发展，都会为双节提供更多的帮助。只要坚持不

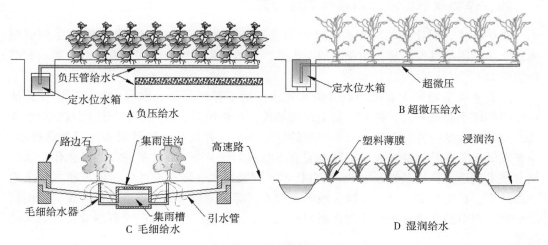

图 9-4 四种双节给水方法

懈，相信中国的植物智能负压给水技术一定会成功并普及。

表 9-4 植物双节给水工程与其他灌溉方法对比

序号	压力类别		双节给水	有压节水	常规灌溉	负压有压对比
1	供水方式		给水	灌溉	灌溉	主动与被动
2	给水方法		负压、超微压、毛细、浸润	喷、滴、渗灌	地面灌溉	优
3	给水状态		连续	间歇	间歇	优
4	用水效率		节水	节水	常规	平
5	适用范围		土地平整	所有地形	土地平整	劣
6	自动化程度		更高	高	低	优
7	耗能	工作耗能	无（蒸发）	高		优
8		输水耗能	低	高	低	优
9	植物反应		适宜	忽高忽低	忽高忽低	优
10	植物接收方式		主动	被动	被动	优
11	增产效果		增产	增产	增规	优
12	技术难度		很难	难	容易	劣
13	物资消耗		较少	很多	少	优
14	管理		植物智能	自动化	人工	优
15	设备成本%		150	200	100	优
	与自然界给水方式对照		地下水补给	降雨	引水	

四、作物双节给水适用条件与发展前景

表 9-5 中，对比我国与发达国家相关灌溉参数看出，推广有压节水灌溉受到灌溉面积大、能源不足的限制，在我国地少人多、精精细作的农业模式下发展双节给水有广阔前景。

从表 9-4 的对比中看出，双节给水要求土地平整度高，给水水位要稳定，在其他性能中都优于灌溉方法，如果满足上述两条件，各种地形、各种作物都适用双节给水方法。双节给水是一种在新的理念下产生的供水方法，并且是一种要求条件较高的技术、待开发的设备机具，要解决的课题都需要不断地创新。今天科技的进步为开创作物水分调节技术创造了良好基础，如 5G 信息技术、智能技术、新材料技术、纳米技术、激光平地技术、植物智能、分子生物领域不断深入，都会为双节给水设备机具开发提供创新的平台，双节给水会将中国式的灌溉现代化，节水节能、生态化的灌溉农业提升到新的高度。

表 9-5   我国灌溉与发达国家相关参数对比

对比项目	灌溉面积比重（%）	农业用水比重（%）	灌溉水利用系数	能源（发电量）（kW·h/人）	节水灌溉方法
发达国家	5~12	40~50	>0.8	14298	有压节水灌溉
中国	50	80	0.45	1897	有压节水 无压给水

由于双节给水处于开发阶段，当前应从保护地、温室农业、城市灌溉、蔬菜给水、花卉给水开展试验研究和开发推广，在获得经验后逐步深入再向大田、水田、山地发展。

第十章　植物智能给水理论

第一节　植物智能特性

　　管仲（公元前 716—前 645 年）是中国政治家、军事学家，说"凡物之精，此则为生，下生五谷，上为列星"，2 600年前就将植物定性为生物，并有精气。2 000年后，达尔文（1809 年 2 月 12 日—1882 年 4 月 19 日）也曾写过关于植物根部末梢的"智力"。在我 80 多岁回首整理灌溉研究一生往事时，翻阅 1963 年刚步入中国农业科学院辽宁分院时的阅读笔记，第 11 册"灌溉作物需水研究"时，发现笔记本封面引录一段话，是俄国著名植物生理学家季米里亚捷夫［克里孟特·阿加迪维奇·季米里亚捷夫（1843—1920 年）］的一句话，他说"只有植物本身才能最正确、最可靠地回答在某种土壤湿度下的水分供应情况、土壤肥力的高低和施用肥料的质量与效果等问题。"（图10-1）这句话我虽然早已忘却，但我的一生从事作物需水研究，已越来越深刻体会到上面三位前人的先知先觉。

　　我国的农学家要比达尔文、季米里亚捷夫还早，在 2000 年前就提出湿润给水的"三斗瓦瓮"给水种瓜，其思想就是将水放在瓮中，让植物自己去土壤中取水。这些前人的思想结合我的负压给水理念，使我提出了植物智能给水理论。

图 10-1　阅读笔记季米里亚捷夫语录（左图为笔记封面　右图为语录放大部分）

一、植物智能认知的历程

亚里士多德（Aristotle 公元前 384—前 322 年），古希腊人，哲学家，他在（论灵魂）书中将物种按有生命无生命、是否有灵魂来区别，而他把植物定义为无生命。此观念在西方世界影响了几个世纪。

但我国大政治家管仲在 2 600多年前所著《管子·内业》一篇中提出万物都有"精气"，写道"凡物之精，此则为生。下生五谷，上为列星……是故此气也，不可止以力，而可安以德；不可呼以声，而可迎以音。敬守勿失，是谓成德，德成而智生，万物果得"，其论点比亚里士多德早 300 年，而且理论是正确的，植物属于生物，并有灵气，德成而生智，生物是有智慧，并把五谷列为生物之中。此乃世界植物为生物的理论之始祖。

下面是近 300 年来植物科学家对植物是否有智能的观察、试验研究具有代表性的成果简介。

（1）卡尔·尼尔森·林奈（Carl Nilsson Linnaeus，公元 1707—1778 年）瑞典植物学家，1775 年出版《植物之眠》（*Somnus Plantarum. The Sleep of Plants*），他在细心观察植物叶片和枝丫的昼夜姿态的不同，提出植物感知日夜变化，能够夜间睡眠。在当时，睡眠只被认为是动物的本能，与植物无关，连林奈自己都不敢承认那是植物的智能表现。后来发现像花生、大豆、酢浆草、红花苜蓿等植物，都会在早晨出太阳时舒展叶片，随夜幕降临而闭合叶片"入睡"。这种叶片昼开夜合的运动被称作植物的"睡眠运动"或"感夜运动。

（2）查尔斯·罗伯特·达尔文（Charles Robert Darwin 英国，1809 年 2 月 12 日至 1882 年 4 月 19 日），英国生物学家，进化论的奠基人。他先后辑写了《食虫植物》《攀岩植物的运动习性》《植物的运动本领》，以达尔文为首的 18 世纪欧洲植物学家用各种试验证实了植物的运动本性，是植物智能驱动适应外界环境的变化。他在植物的运动本领一书的最后结语中写道"几乎毫不夸大地说，获得了这些敏感性而且具有指导相邻部位运动本领的胚根尖端，像一个低等动物的大脑那样起作用，这个大脑位于身体前端内部，从感觉器官接收印象，并指导几种运动"，暗示了植物的智能能力。

后来人们逐步发现，地球上竟然还有能走动的植物。在美国东部和西部地区有一种苏醒树，这种植物在水分充足的地方能够安心生长，一旦干旱缺水，它会把根从土中抽出来，卷成一个球体。顺风而行，遇到有水的地方时，就扎下根重新生长。在南美洲秘鲁的沙漠中，有一种自己能徒步行走的植物（步行仙人掌），能将自己的根系当成腿和脚，慢慢地向别处行走，根是由一些软刺构成，能随风在地面上吹拂，随遇而安，为了觅取自身需要的水分和养料，以便维持生命，当遇到适宜的生活条件时，再停下来扎根生长。

（3）克里孟特·阿加迪维奇·季米里亚捷夫（1843—1920 年），俄国植物生理学家，著有《植物生活》《太阳生活和叶绿素》，这些著作研究有机生命的复杂而多样的现象，所以他的《植物生活》通过显微镜看见"其中无数细胞深处"，植物能靠无形的眼睛看见"埋在土中的根吮吸着和咬啮着泥土微粒子"，他深入研究"微细的叶绿素粒子，日光如何转变为化学力，观察了花朵与周围的昆虫的交流，他将植物智能研究向前推进一大步。

(4) 贾格迪什·钱德拉·博斯（1858—1937 年）是一位印度的博学者，"他使用自己发明的 Crescograph 测试仪，测量植物对各种刺激的反应，从而科学地证明动物和植物组织之间的若干共性"。他的相关著作包括《（*Response in the Living and Non-Living*）生物与非生物的反应》（1902 年）和《植物的神经机制（*The Nervous Mechanism of Plants*)》（1926 年），他在书中写道"植物的生活和我们很像……植物会进食，会成长……得面对贫穷、哀伤、苦难。这份贫穷引诱植物去偷去抢，但植物也会互助、交友，为子女牺牲生命"。

(5) 司特凡诺·曼库索（Stefano Mancuso）英国植物神经学（LINV）研究的第一人，开始以植物分子生物学和基因学为基础，观察探讨各层级基因组学、分子表达与转录、信号传导等理论，探讨植物生命的各种密码。2016 年出版了《植物比你想得更聪明》，通俗地介绍了植物的感知、内部沟通、植物的智能。

(6) 彼得·渥雷本 德国的林学家，著有《森林的奇妙旅行》《树的秘密生命》《树的秘密语言》《花园的秘密语言》《大自然的社交网络》等，在管理森林中与树木及大自然结下了友情，仔细观察到它们的秘密，感受到植物树木对外界环境变化的智能反应，书中用身临其境的朴实语言人性化叙述植物的感知和做出的反应。

(7) 中国科学院上海生命科学研究院，新中国成立后，十分重视对植物的研究，成立相关国家级的研究单位，仅上海生命科学研究院就设立了植物生理生态研究所、国家基因研究中心、中国科学院上海植物逆境生物学研究中心、生物化学与细胞生物学研究所、神经科学研究所、计算生物学研究所等研究单位，培养了大批植物学家（陈晓亚、孙卫宁、黄继荣等），在植物生理、植物分子生物学方面获得世界瞩目的研究成果，如植物生理与分子生物学集中体现了近年的研究成果。

二、植物智能表现

植物的智能器官不能用动物的器官来衡量，植物没有鼻子、眼睛等器官，但有与动物同等感知的生命细胞结构。同样能感知光、味、声音等外界环境的变化。

1. 视觉

植物能感知光的强弱及方向。达尔文父子通过试验，找到了感光器官在植物的顶端，见图 10-2。

2. 触觉

通过典型植物便知植物有触觉，例如含羞草，当你触碰它的叶片时，叶片便合拢（图 10-3）。

3. 嗅觉

植物嗅觉是植物间或与动物交流的信号传输与接收器官，它是分布式生长在各部位器官上，几乎每个细胞都有器官，基因学已经探测到分子组分及其功能，逐渐对植物智能细胞各种蛋白密码进行破解。花草的气味是人类最熟悉的香味，但植物会嗅到气味却很少有人知晓，因为植物运动的动作很微小，人类肉眼很难辨别。印度钱德拉·博斯用

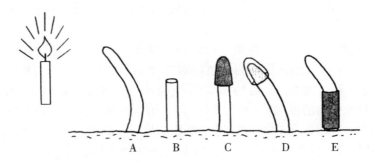

图10-2 达尔文父子进行植物向光性试验处理

图中 A. 没处理；B. 剪去尖顶；C. 尖顶罩上不透明的罩；
D. 尖顶罩上透明的罩；E. 只茎部罩上透明的罩

食虫草　　　　　　　　含羞草　　　　　　　　跳舞草

图10-3 植物触觉典型事例

10 000倍的自制仪器观测植物对外界环境变化的反应时发现，外界的变化都会引起植物的反应，植物释放不同气味传递出不同信息，有悲伤，有预警，有反抗，有诱惑，向外传递信息。

4. 听觉

声音即是声波，植物的听觉也是分布在全身的细胞里，研究者向植物播放不同音乐，典型的跳舞草真的随音乐起舞。即使不是跳舞草，2012年意大利研究人员报告植物根系能在听到声音后发出"客客"的声音。

5. 记忆

捕虫草是食虫植物，但它对到来的毛虫会测算个头大小，猎物太小它会不动，要是满足它的大小猎物，它会突然闭合捕虫器，吃掉猎物（图10-3），这也是一种记忆功能的表现。

外部信息传递：青豆常遭遇螨虫的袭击，遇到螨虫来袭，青豆会发出挥发性化学物质，吸引另一类肉食性螨虫称为"智利小植绥螨"，专门吃螨虫，这是一种典型的植物与动物的信息沟通事例。另外，锤兰这种花会模仿雌性托尼得黄蜂的外表和气味，以欺骗雄性黄蜂来给自己授粉。一旦雄性黄蜂来到，就会"诱捕"它，然后黄蜂全身会沾满花粉，并传播给另一朵花。

6. 学习

据新浪网介绍珀斯西澳大利亚大学的一位进化生态学家，莫妮卡·加利亚诺（Monica Gagliano）开始研究植物行为，她对含羞草进行了震动试验，莫妮卡对含羞草设计了一种特殊的轨道，她将含羞草从轨道上方扔下，让它体验游乐园里的过山车，她发现含羞草对此做出的反应是叶片紧闭。试验进行 3、6 次，含羞草每次落地都是叶片闭合，但当她试验到达 60 次后，落地叶片是张开的，不再成闭合状态。其后 3 天、6 天、30 天后试验，含羞草依然不再闭合叶片，这个试验掀开了又一次对植物的学习能力认识，开辟了对植物认知新领域。

对植物的认知依然需要更深层次的研究，植物的本事远比我们知道得还多。

三、植物水分生理智能表现

前文所述的植物智能是一般的或是特殊植物智能表现，作物灌溉方面的植物水分生理的表现如何？通过长期的观察和试验，同样验证了植物对水分需求的智能反应。

1. 试验观察一

喷灌地面灌与不灌根系向水性差异对比，图 10-4 是 1976 年的玉米灌溉试验根系分布对比图，图中看出不灌的根系为了寻找水源，根尖冠部细胞要向深处和侧部伸展以寻找更多的水源。这一试验验证了根系的向地性与向水性的智能表观。植物学家已验证根的冠部不但能寻找水源，而且能寻找各类养分、无机矿物。

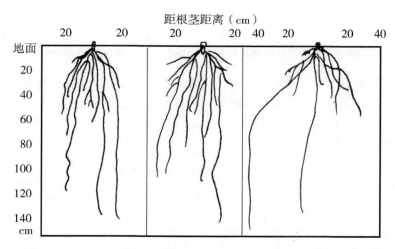

图 10-4 玉米在不同土壤水分环境下根尖的智能引导分布表观状态
（左：喷灌、中：地面灌、右：不灌根系分布）

2. 试验观察二

2011 年对不同土层深度的玉米根系发育状态进行了试验，试验更详细地探讨了玉米在土壤环境限制下，玉米根系在土层深度与玉米间距的局限下，根系形态表观变化，显示了玉米根冠的智能，根冠细胞的视力与嗅觉探测湿度、养分、空间分布的能力，信息统筹规划生态表观适应生存空间。图 10-5 是 2011 年对不同土层根系发育的适应反映，从图中看出两种根系发育的不同，分析如下。

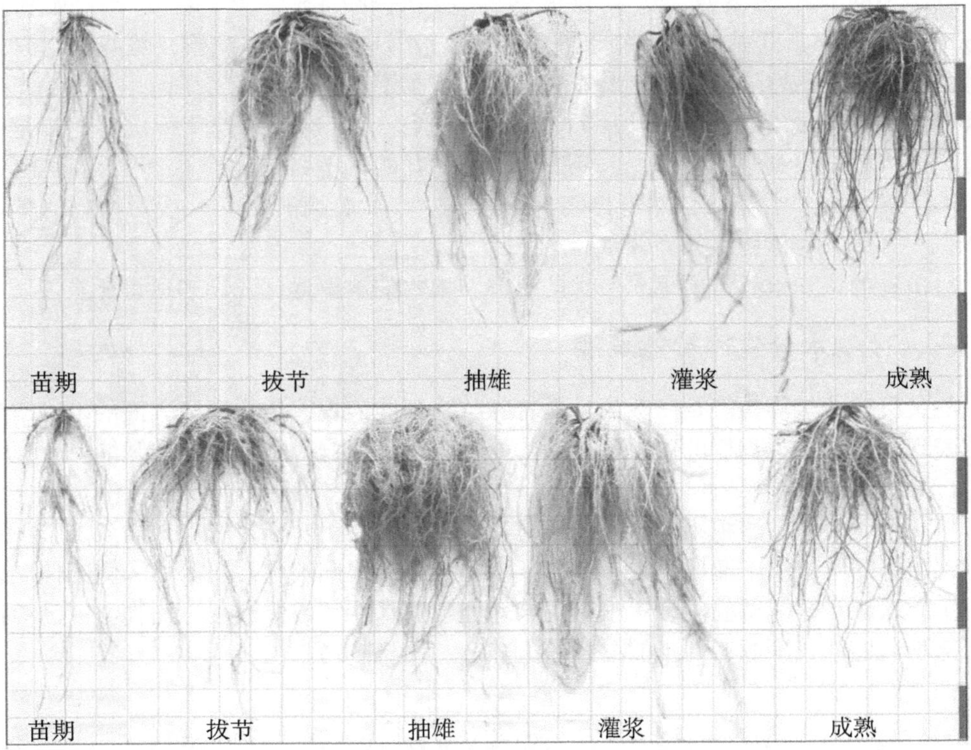

图10-5　两土层处理根系发育过程图谱（上图30cm；下图50cm）

（1）根系向地性　从图10-5中看出，浅根在生育前期根系与较深土层根系区别不大，但随着植株对营养和水分需要的增加，根系生长受土层厚度的限制，两种处理在根系向地性上有较大差异。30cm浅根表现为向两侧伸张，但又受行距影响根幅变化不大，但气生根、次生根、根形向地角小于50cm（表10-1及图10-6）。

表10-1　成熟根系向地性测量表

土层处理	侧向	根外包角			气生根向地角			次生根向地角			根幅（cm）
		水平 x	垂直 y	夹角	水平 x	垂直 y	夹角	水平 x	垂直 y	夹角	
30	左	10.5	5.2	26.31	9	0.1	0.59	8	4.2	27.67	30
	右	10.5	3.9	20.34	5.5	0.5	5.15	8.8	2.4	15.22	
50	左	10.5	7.1	34.04	6.4	6.8	46.7	9	8.2	42.31	30
	右	10.5	6.3	30.93	7.8	2.8	19.7	8.8	2.8	17.61	

（2）根系向水性　当根系向地性受到抑制时，根系无法满足玉米冠层对水肥的需求，根系受向水性驱使向能提供水肥的土壤空间发展，这时根冠要打破向地性的重力影响，会向有水的土壤空间及优先向土壤含水量大的方向伸张，这种过程是由根冠两侧细

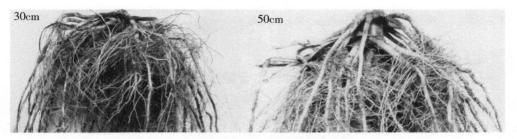

图 10-6　两种土层处理的成熟期根系局部图

胞对输导系统供给的生长素差异形成，导致根冠改变生长方向，根的弯曲向有土、含水量大的方向生长（图 10-6）。

（3）根系空间局限性　土壤层厚度小时，玉米根系生长空间受到局限，在相同的灌溉和养分供给制度下，测量结果表明，土层 30cm 处理根粗要小于 50cm 处理，而根长则大于 50cm 处理。薄土层造成根粗较细的主要因素是根系发展空间不足，根系对地上冠层水分、养分供给不足，反过来又影响根系的生长；而根长较长反应在空间受限后，次生根较多，根系向水性强于 50cm 处理（表 10-2）。

表 10-2　根茎与根长测量成结表

根号	土层 30 处理（cm）		土层 50 处理（cm）	
	根粗（地下 10cm）	根长	根粗（地下 10cm）	根长
1	3.56	553.74	5.03	320
2	3.5	464.59	4.2	316.23
3	3.84	509.12	4.3	271.00
4	3.9	514.07	5.12	407.55
5	4.5	385.58	3.57	230.87
6	4.07	414.97	4.43	340.59
7	4.3	512.97	2.4	270.74
8	3.61	451.90	3.8	344.82
9	4.35	417.92	4.24	402.49
10	4.86	506.84	5.06	310.48
11	3.83	482.12	5.05	284.60
12	4.8	393.15	4.34	373.63
13	3.6	586.02	5.8	478.87
14			4.8	452.77
15			3.72	244.13
总计		6192.97		5048.77
平均	4.06	476.38	4.39	336.58

第二节　植物智能吸水试验

一、环境变化时植物对水分吸取的智能反应试验

植物气孔运动，这是植物都具有的器官，白天气孔打开，随着照度的变化气孔开度大小也变化（图10-7），图10-8是2016年室内对花卉气孔与照度连续一周蒸腾速率变化观测。

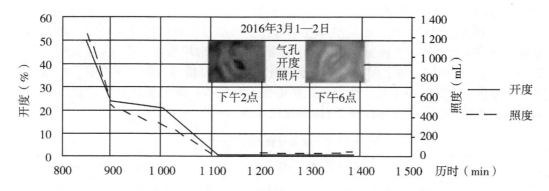

图10-7　一日内万年青气孔随时间变化气孔开度、照度变化相关曲线

观测资料反映了植物对外界环境变化，做出对水分吸收速率的反应，是植物本身对需水要求做出的控制，这种控制就是一种植物智能的表现。

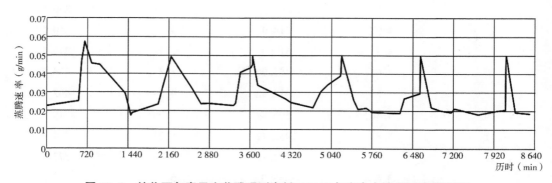

图10-8　植物万年青昼夜蒸腾观测资料（2016年室内水培实测连续观测）

二、植物水流生命动力学

这里讲的植物水流动力学是指物理水流与植物生命活动水流相结合的水流动力学，是植物生理学的一部分。植物水分生理学是植物生理学的分支，是植物生理学的重要组

成部分。三千年前中国甲骨文就有"雨弗足年"，看出雨水是庄稼好坏的决定因素。定量研究水与植物的故事是 1627 年荷兰人范埃尔蒙做了柳树盆栽实验，每天给水，5 年后柳树增重几十倍，而土壤重量变化不大，从而得出水是植物生长的重要因素。在其后三百多年间，植物水分生理在植物生理解剖学基础上经历了三次具有里程碑的进展：一是发现水是植物光合作用的主要原料，由 1771—1804 年先后发现空气中有氧、二氧化碳，到 1804 年瑞士的索绪尔（N. T. De Saussure）进行了光合作用的第一次定量测定，指出水参与光合作用。二是发现水在植物体内的运动规律，1727 年英国植物学家黑尔斯测定了根吸水叶片蒸腾作用，并计算植物茎内水的上升速率，1941 年中国植物学家汤佩松和王竹溪提出水势是植物细胞水流动方向的判据。后期发现植物细胞水势变化是植物生物智能协调产生。三是发现细胞控制水流动的通道和控制机制，1992 年 2 月美国细胞生物学家彼得·阿格雷教授（Peter Agre）发现 28kDa 蛋白具有水通道专职作用，这一成果揭开了长期关于细胞间水分传递的秘密，水通道蛋白存在于动植物细胞上，目前已在很多作物上观测到水通道蛋白。

植物体内水分流动总体可区分质外体和共质体，质外体的驱动力主要来自大气的蒸腾力，植物蒸腾的主要通道是维管束，维管束连接植物根系、茎秆、叶脉、叶片，水分的出口是叶面上气孔。共质体的驱动力来自植物细胞的水势压差，细胞液是由植物各部位的基因信号引导生成，近年国内外的植物生理学研究进入了分子生理学时代，已经从整体、器官、细胞水平深入到分子水平，逐步揭开植物体内生物分子结构、蛋白质功能、基因转录方式方法、细胞信息传递、蛋白质功能控制的秘密。试验证明，植物体的水势从根系向上逐步增大（绝对值），这样植物体内的水分流动是向上运动。但是不论质外体或共质体的水分流动都受生命力控制，质外体的控制开关是气孔，共质体的控制开关是水孔蛋白。其中水分在植物体内的存在、运动受外界因素变化（阳光、黑暗、温度、空气、土壤湿度、水质、风和外力刺激）引起细胞中水道蛋白和气孔的变化，所以植物体水流不但遵从流体力学规律，更有生命基因感知控制，具有类似动物血流动力学的特质，应该称为《植物水流生命动力学》，是《植物智能给水理论》的理论基础。

三、植物智能水循环与负压给水的理论基础

灌溉发展经历了地面古老灌溉（盛水器提水溉水—桔槔溉水—水车灌溉—水泵灌溉）—近代有压节水灌溉（喷灌、滴灌、渗灌）。我国 2000 年前汉成帝（公元前 32—前 7 年）时，农学家泛胜之在总结灌溉方法时就记录了湿润灌溉方法，在种瓠法的灌水中提出"坑畔周匝小渠子，深四五寸，以水停之，令其遥润，不得坑中下水"，在种瓜灌水中提出地下灌溉"以三斗瓦瓮埋著科中央，令瓮口上与地平。盛水瓮中，令满……水或减，辄增，常令水满"，从中看出，2 000年前我国农学家已认识到让植物主动吸水比人工一次灌满土壤要好。泛胜之提出的把水给供在植物周围，让植物需要多少吸收多少，更能获得好的收成，这是世界最早利用植物智能原始给水的方法。进入 21 世纪，将进入以植物主动吸水的植物智能给水技术时代。2005 年《植物负压给水系统》（参见《中国专利发明人年鉴》第八卷）"提出植物给水技术，这一理念延续了我国古

人以植物为主的给水理念。从植物水分生理和土壤水力学角度阐述了负压给水的理论基础，同时进一步说明负压给水同灌溉灌水的本质区别，这是利用植物智能以植物主动吸水的给水理论的开始。

植物都有智能的能力，有些能力是用肉眼看不出的，是一些微观的变化和反应，当人类观察世界的仪器越来越扩展时，对植物细胞、粒子体、蛋白质、基因等都能识别和观测时，植物的很多智能被发现。从植物水分生理角度看，例如，1991 年获诺贝尔医学奖和生理学奖的德国科学家 ErwinNeher 和 Bert Sakmacfn 研究发现，生物细胞存在着只有 2nm 的离子通道，这个蛋白通道只允许 2nm 以下的水分子团的水和离子一起通过，2000 年彼得·阿格雷与其他研究人员一起公布了世界第一张水通道蛋白（AQPs）的高清度立体照片，发现了水分子经过水通道时会形成单一纵列，进入弯曲狭窄的通道内，内部的偶极力与极性会帮助水分子旋转，以适当角度穿越狭窄的水通道。植物体内水分传递在水道蛋白发现前一直认为是细胞液压差进行渗透传递，水道蛋白发现后才得出植株体内水分传递主要是由水通道完成的，水通道水分传递速度快，并能对外界环境变化做出不同回应，达到控制水分输送速度的开关作用，能识别植物体内不同部位的细胞信息，并给出控制水通道的指令。人类对植物的各部分结构研究越来越深入，发现植物体内各种功能很神秘，很有智慧。

第三节　植物智能给水技术与智能灌溉的区别

本节重点阐明作物的给水与灌溉两个理念的区别，即植物智能给水与智能灌溉的区别。

一、植物负压给水技术与作物灌溉技术区别

1. 植物负压给水

植物体内的水分循环是一个生命控制的负压循环，水分由根系从土壤里吸收水分，通过生命力的控制将水分向上输导到茎、叶、花、果实，并向大气排出用过的水分，这个过程是由低向高处的输送，称为负压循环。

负压给水技术是 2005 年我国首次在世界上提出，它突破了传统灌溉理念，是将植物需要的水分输送到植物根系区，由负压给水器控制水分，不直接灌入土壤，而是含水在负压容器或管道中，当植物需要水分，而土壤里水分满足不了植物需要时，负压容器或管道中的水分受到植物根系的吸水力，通过土壤传给负压给水器，给水器开始向植物供水（类似饲养场的自动喂水器），当植物不需要时，供水自动停止。实际负压给水技术是给水器连接到植物的负压水循环中。

2. 作物灌溉技术

作物灌溉是中国古代的发明，有一万多年的历史，1974 年开始考古发现城头山遗址汤家岗古稻田，灌溉工程完整，验证距今有 6500 年；1993—2004 年国内外专家组成的"中国水稻起源考古研究"中美联合考古队在道县玉蟾岩进行了挖掘，考古发现了栽培水稻和陶片，考古学家先后两次在湖南道县玉蟾岩遗址发现距今约 1.4 万—1.8 万

年的古栽培稻谷；江苏泗洪顺山集遗址自 2010 年起经过多次考古发掘，该遗址的时间跨度为距今 8 500—7 500年，是淮河流域时代最早、规模最大的水稻田遗迹。这些考古证明了中国灌溉技术历史有万年以上，这与中国的气候条件有关，气候多变旱涝交替，作物尤其是水田，必须有灌溉工程才能保证丰收。

灌溉技术是引用河水或蓄水塘坝里的库水，用人工或机械定期向农田灌水，我国古代称为溉水、浇水，后改称灌溉。灌溉是间断地向作物灌水，何时灌水由人观察作物是否需要水分，按人的经验来决定什么时候灌溉。

3. 作物灌溉技术与植物负压给水技术的区别

从上述两种技术在土壤不能满足植物需水时可以看出它们的区别：①供水的主动权，负压给水器是一直有水，植物随时获取，取水多少植物决定，但灌溉是人判断是否灌水，决定权是人的意志；②灌溉技术是在有压下向土壤供水，而负压给水技术是从地下参与了植物取水的负压循环；③灌溉的灌水过程水在土壤中处于饱和状态下水分运动，而负压给水的水分运动在土壤中始终处在非饱和状态；④灌溉供水是间歇式地给水，而负压给水是连续供给；⑤灌溉往往会产生渗漏，要用有压节水技术，需要压力耗能大，而负压给水部分不需要能源，即使在恢复负压时也是暂短的低压耗能；⑥灌溉土壤处在由饱和到萎蔫的状态，植物处在由渍水到干旱状态，而负压给水植物始终处在舒适的需水状态。

二、植物智能负压给水与智能灌溉的区别

1. 植物智能负压给水

植物智能负压给水是在植物生命特征的控制下运行的给水技术，对植物的给水过程是由植物自主控制，因为试验证明植物有处理适应外界水环境变化的适应能力，这种技术显示出给水速度基本与植物耗水速度相适应，创造出植物耗水过程与给水过程相平行的状态，是植物需水的最佳状态。

2. 智能灌溉

智能灌溉是人类工业化在水利工程发展的产物，是全部由人类创造的灌溉技术。智能灌溉技术是由灌溉自动化发展而来，在设计的理念上没有脱离灌溉的概念，间断式灌水，智能部分是控制系统由自动化发展为可学习的智能系统控制，给水的决定权依然在人工智能掌管。

学习控制系统是自适应控制系统的发展与延伸，它能够按照运行过程中的"经验"和"教训"来不断改进算法，增长知识，以便更广泛地模拟高级推理、决策和识别等人类的优良行为和功能。学习控制已成为智能控制的一个重要领域。学习与掌握学习控制的基本原理和技术能够明显增强处理实际控制问题的能力，学习控制具有四个主要功能：搜索、识别、记忆和推理。学习控制系统基础理论包括模糊控制、神经网络控制、专家控制系统、遗传算法、蚁群算法等。学习控制系统按照所采用的数学方法而有不同的形式，其中最主要的有采用模式分类器的训练系统和增量学习系统，在学习控制系统的理论研究中，贝叶斯估计、随机逼近方法和随机自动机理论，都是常用的理论工具。

3. 植物智能负压给水与智能灌溉的区别

主要表现①在智能部分，植物智能负压给水是依靠植物的生物智能，而智能灌溉是依靠机械的人工智能完成；②植物智能负压给水，由于采用植物的特性，不需要更多的复杂机械，但智能灌溉需要大量的机械设备；③植物智能负压给水，是负压不需要更多的耗能，而智能灌溉是有压灌溉，需要更多的能量消耗；④植物智能负压给水操作简单，管理成本低，智能灌溉系统复杂，管理成本高。

参考文献

班固. 1962. 汉书 [M]. 北京：中华书局.

北极星电力网. BP 最新统计：全球化石能源储量颇丰 但美国不富油 中国也不富煤！[EB/OL]. 2016-6. http：//m. sohu. com/a/82555656_ 269768.

北农大物理和气象系. 1960. 农业物理学研究方法仪器和措施 [M]. 北京：人民教育出版.

北齐魏. 1997. 魏书 [M]. 北京：中华书局出版.

贝佛尔 L D. 土壤物理学 [M]. 北京：科学出版社.

彼得·汤京 1988. 植物的秘密生命 [M]. 台北：台湾商务印书馆.

彼得·渥雷本. 2018. 树的秘密生命 [M]. 钟宝珍译. 南京：译林出版社.

蔡业彬, 国明成, 彭玉成, 等. 2005. 泡沫塑料加工过程中的气泡成核理论（Ⅱ）——剪切能成核理论及其发展 [J]. 塑料科技（4）：39-45.

蔡业彬, 国明成, 彭玉成, 等. 2005. 泡沫塑料加工过程中的气泡成核理论（Ⅰ）——经典成核理论及述评 [J]. 塑料科技（3）：11-16.

常丽丽, 王力敏, 郭安平, 等. 2018. 木薯叶片响应干旱胁迫的磷酸化蛋白质组差异分析 [J]. 植物生理学报, 54（1）：133-144.

陈文华. 2002. 农业考古 [M]. 北京：文物出版社.

陈晓亚, 薛红卫. 1988. 植物生理与分子生物学 [M]. 北京：高等教育出版社.

陈晓亚, 薛红卫. 2018. 植物生理与分子生物学 [M]. 北京：高等教育出版社.

陈志雄, 汪仁真. 1979. 中国几种主要土壤的持水性质 [J]. 土壤学报, 16（3）：277-281.

崔高维. 1997. 周礼·仪礼 [M]. 沈阳：辽宁教育出版社.

达尔文. 2018. 物种起源 [M]. 北京：中国华侨出版社.

达尔文. 2018. 植物的运动本领 [M]. 娄昌后等译. 北京：北京大学出版社.

丹尼尔·查莫维茨. 2014. 植物知道生命的答案 [M]. 刘夙译. 武汉：长江文艺出版社.

单锷. 1936. 吴中水利书、四明它山水利备览、三吴水利论 [M]. 北京：商务印书馆.

董蕾, 李吉跃. 2013. 植物干旱胁迫下水分代谢、碳饥饿与死亡机理 [J]. 生态学报（18）：38-44.

杜石然. 1992. 中国古代科学家传记 [M]. 北京：科学出版社.

段爱旺, 肖俊夫, 宋毅夫, 等. 灌溉试验研究方法 [M]. 北京：中国农业科学技术出版社.

范逢源. 1980. 国外水资源问题及解决途径 [R]. 河北农业大学.

弗拉基米洛夫 Ar. 1965. 土壤改良水文地质学 [M]. 北京：中国工业出版社.

弗莱. 会说话的动物——人和语言 [M]. 北京：语文出版社.

高达利，吴大鸣，刘颖，等. 2005. 环保微孔泡沫塑料成型工艺的研究 [J]. 塑料，34（3）：76-80.

古谢夫 H A. 1966. 植物水分状况的若干规律 [M]. 北京：科学出版社.

古谢夫 O H. 1980. 喷灌 [M]. 北京：科学出版社.

顾颉刚. 1996. 尚书文字合编 [M]. 上海：上海古籍出版社.

管仲. 2016. 管子 [M]. 北京：海潮出版社.

郭涛. 2013. 中国古代水利科学技术史 [M]. 北京：中国建筑工业出版社.

何丹超，周南桥，徐文，等. 2005. 公理化设计方法在塑料微孔发泡连续挤出成型系统设计中的应用 [J]. 塑料（4）：18-23，56.

何亚东. 2004. 聚合物微发泡材料制备技术理论研究进展 [J]. 塑料，33（5）：9-15.

胡正海. 1979. 植物解剖学 [M]. 北京：高等教育出版社.

季米里亚捷夫 A K. 1956. 季米里亚捷夫选集 [M]. 北京：科学出版社.

贾中华. 杠杆式毛细管自动给水装置：CN2706009P [P]. 2005-06-04.

蒋莆定. 毛细管给水管：02134189 [P]. 2002.

教育部基础教育司等 2006. 中国古代 100 科学家故事 [M]. 北京：人民教育出版社，学习出版社.

景卫华，贾忠华，罗纨. 2008. 总水势概念的定义、计算及应用条件 [J]. 农业工程学报，24（2）：27-32.

景卫华. 一种基于总水势概念的水面蒸发计算方法及其验证 [J]. 百度文库教育专区高等教育工学 281.

卡尔波夫 N M. 1958. 水利土壤改良讲义 [M]. 北京：水利电力出版社.

考斯加科夫. 1956. 土壤改良原理 [M]. 北京：高等教育出版社.

蓝萝九. 1953. 土壤物理学 [M]. 北京：中华书局.

李晨森. 2016. 十三经 [M]. 哈尔滨：黑龙江美术出版社.

李红梅，万小荣，何生根. 2010. 植物水孔蛋白最新研究进展 [J]. 生物化学与生物物理进展，37（1）：29-35.

李吉跃，高丽洪. 2002. 内聚力——张力学说的新证据 [J]. 北京林业大学学报，24（4）：135-138.

李时珍. 2009. 本草纲目 [M]. 长春：吉林美术出版社.

辽宁省水利科技情报中心站. 1980. 世界农田灌溉发展情况 [C]. 辽宁省水利水电科学研究所.

辽宁五间房灌溉试验站. 玉米负压给水试验研究报告 [R]. 2011-11-18.

刘迪秋，王继磊，葛锋，等. 2009. 植物水通道蛋白生理功能的研究进展 [J]. 生物学杂志，26（5）：63-66.

刘向. 2016. 管子 [M]. 北京：西苑出版社.

刘友昌，袁长极. 1981. 论普北平原土壤盐碱化及灌溉排水问题 [R]. 山东省水
科所.

卢玉，宋毅夫，王明治. 微孔塑料负压给水管：CN 101391242 AP [P]. 2009-
06-18.

鲁沁 J N. 1965. 农田排水 [M]. 北京：中国工业出版社.

罗戴 A A. 1964. 土壤水 [M]. 北京：科学出版社.

吕氏. 2011. 吕氏春秋（上下）[M]. 北京：中华书局出版.

么枕生. 1954. 农业气象学原理 [M]. 北京：科学出版社.

南纪琴，肖俊夫，宋毅夫，等. 2012. 毛细给水器的填料优化及应用试验 [J]. 灌溉
排水学报（3）：85-88.

尼科尔斯 D G. 1987. 生物力能学 [M]. 北京：科学出版社.

农水教研组. 1961. 农田水利学 [M]. 北京：中国工业出版社.

潘瑞炽. 1979. 植物生理学 [M]. 北京：高等教育出版社.

佩尔 C H. 1980. 喷灌 [M]. 姚汉源译. 北京：中国水利水电出版社.

佩松. 1988. 为接朝霞顾夕阳 [M]. 北京：科学出版社.

普赖斯 O A. 1979. 植物生理学的分子探讨 [M]. 北京：科学出版社.

清华大学水利系农水教研室. 1980. 非饱和土壤水分运动基本原理 [M]. 清华大学.

清华大学水利系农水教研室. 1980. 高等土壤物理学（解译）[M]. 清华大学.

沙曼. 阿普特. 萝赛. 2018. 花朵的秘密生命 [M]. 北京：北京联合出版公司.

莎鲍日尼科娃 O A. 1966. 小气候与地方气候 [M]. 北京：科学出版社.

邵明安. 1986. 植物根系吸收土壤水分的数学模型 [J]. 土壤学进展（3）：295-305.

施成熙，粟宗嵩. 1984. 农业水文学 [M]. 北京：中国农业出版社.

水利电力部水利科学研究院. 1958. 水利土壤改良实验论文译丛 第四集 [C]. 中国
科学院水利科学研究院；水利电力部水利科学研究院.

司特凡诺. 2016. 植物比你想的更聪明 [M]. 谢孟宗译. 台湾：商周出版.

宋毅夫. 2006. 植物负压给水系统 P. 中国 cn1823578A，8，30

宋毅夫，等. 1995. 其他经济作物需水量与灌溉 [A] 陈玉民等，中国主要农作物需
水量与灌溉 [M]. 北京：水利水电出版社.

宋毅夫. 1986. 作物喷灌灌溉规律的研究 [R]. 辽宁省水利水电科学研究所.

宋毅夫. 1990. 灌溉试验概论 [A] 粟宗嵩. 灌溉原理与应用 [M]. 北京：科学普及
出版社.

宋毅夫. 2007. 植物负压给水系统. 中国专利发明人年鉴（第八卷）[M]. 北京：知
识产权出版社.

宋毅夫. 1980. 国外喷灌田间试验研究动态 [R]. 辽宁水利科学研究所.

孙阳，刘廷华. 2006. 微孔塑料的注射成型研究进展 [J]. 塑料（1）：53，92-96.

万国鼎. 1952. 氾胜之书辑释 [M]. 北京：中国农业出版社.

万国鼎. 1965. 陈旉农书校注 [M]. 北京：中国农业出版社.

汪胡桢. 1951. 中国工程师手册水利（第二册）[M]. 北京：商务印书馆.

汪胡桢. 1962. 中国工程师手册（第一册）[M]. 北京：商务印书馆.

汪家伦，张芳. 1990. 中国农田水利史 [M]. 北京：中国农业出版社.

王凡. 1991. 植物流体力学 [J]. 自然杂志（12）：45-48.

王祯. 1963. 王祯农书 [M]. 北京：中国农业出版社.

王忠. 2000. 植物生理学 [M]. 北京：中国农业出版社.

王竹溪. 2005. 热量学 [M]. 北京：北京大学出版社.

沃克莱尔. 2000. 动物的智能 [M]. 北京：北京大学出版社.

乌克兰水文气象研究所文集. 1980. 国内外农业气候区划中的水分指标 [C]. 宋显荣译. 气象科技.

吴楚，何开平. 2001. 植物水孔蛋白的生理功能及其基因表达调控的研究进展 [J]. 湖北农学院学报（4）：376-381.

吴晓丹，彭玉成，蔡业彬. 2005. 超临界 CO_2/PS 静态发泡参数的研究 [J]. 塑料工业（6）：12-14.

伍海尉，赵良知. 2005. 超临界 CO_2 发泡微孔塑料挤出成型中气泡核自由长大过程的数学模型和数值模拟研究 [J]. 塑料，34（4）：6-10.

武汉水院农水利教研室. 1980. 灌溉作物需水量试验研究 [R]. 武汉水利学院.

西北农学院. 1979. 研究土壤水分运动的水力模拟方法 [R].

希勒尔 D. 1979. 土壤和水分 [M]. 华孟等译. 西北农学院.

希勒尔 D. 1979. 土壤水动力学的计算机模拟 [M]. 北京：中国农业出版社.

肖 B T. 1965. 土壤物理条件与植物生长 [M]. 北京：科学出版社.

肖俊夫，宋毅夫，刘战东，等. 2011. 作物双节给水研究 [J]. 中国农村水利水电（11）：49-51，56.

肖俊夫，宋毅夫，刘战东，等. 一种毛细给水器：CN101911908AP [P]. 2010-06-24.

肖俊夫，宋毅夫，毛敬华，等. 2013. 玉米不同土层根系生态试验报告 [R]. 水利部灌溉试验总站，辽宁五间房灌溉试验站点.

肖俊夫，宋毅夫，南纪琴，等. 2012. 负压给水技术研究 [J]. 中国农村水利水电（9）：21-23.

肖俊夫，宋毅夫. 2017. 植物智能给水理论 [J]. 灌溉排水学报，36.

肖俊夫，宋毅夫. 2017. 中国玉米灌溉与排水 [M]. 北京：中国农业科学技术出版社.

小田桂三郎. 1976. 农业生态学 [M]. 北京：科学出版社.

新浪科技. 隐藏的植物记忆：遗忘可能是更强大的生存工具 [EB/OL]. 2017-11-6. HTTP：//www. ithome. com/html/discovery/333215. htm

新浪资讯. 隐藏的植物记忆：遗传是比记忆更强大的工具 [EB/OL]. 2017-11-6. https：//tech. sina. com. cn/d/a/2017-11-06/doc-ifynmzrs7326715. shtml.

许志方. 1963. 灌溉计划用水 ［M］. 北京：机械工业出版社.

雅尼娜·拜纽什. 2017. 动物的秘密语言 ［M］. 平晓鸽译. 长沙：湖南科学技术出版社.

阎隆飞，张玉麟. 1987. 分子生物学 ［M］. 北京：中国农业大学出版社.

雍化年. 1984. 植物体内运输的流体力学研究进展 ［J］. 植物生理学通讯 (4)：3-7,59.

约飞 A，沙莫依洛夫 N N. 1962. 农业物理学问题 ［M］. 北京：科学出版社.

张芳. 2009. 中国古代灌溉工程技术史 ［M］. 太原：山西教育出版社.

张继树. 1979. 植物生理学 ［M］. 北京：高等教育出版社.

张蔚榛. 1963. 土壤水分的蒸发问题 ［R］. 武汉水利学院.

赵玖香，郑殿峰，冯乃杰，等. 2008. 植物生长调节剂对大豆茎叶柄显微结构及光合特性的影响 ［J］. 新疆农业科学，45 (5)：814-819.

赵宁，王大伟，冯小飞，等. 2015. 外施矿质元素对月季长管蚜嗅觉行为的影响 ［J］. 江苏农业科学，43 (10)：183-185.

郑连第. 2004. 中国水利百科全书. 水利史分册 ［M］. 北京：中国水利水电出版社.

郑肇经. 1951. 中国之水利 ［M］. 北京：商务印书馆.

中国水利史稿编写组. 1979. 中国水利史稿 (上) ［M］. 北京：水利电力出版社.

中国新闻网. 刚刚，中国又多了一项世界遗产！良渚遗址 ［EB/OL］. 2019-7-6. http://www.chinanews.com/sh/2019/07-06/8885951.shtml.

周峰. 2007. 光合膜蛋白晶体的结构与功能 ［J］. 生命的化学 (5)：5-7.

周魁一. 2002. 中国科学技术史·水利卷 ［M］. 北京：科学出版社.

周礼. 2000. 周礼·仪礼 ［M］. 沈阳：辽宁教育出版社.

周湘. 2014. 美丽潇湘·文物卷 ［M］. 长沙：湖南人民出版社.

朱美君，康蕴，陈珈，等. 1999. 植物水通道蛋白及其活性调节 ［J］. 植物学报，16 (1)：44-50.

朱文利，周南桥，张志洪. 2004. 开孔微孔塑料的研究进展 ［J］. 塑料 (2)：53-56.

朱祖祥. 1979. 土壤水分的能量概念及其意义 ［J］. 土壤进展 (1).

Buckingham. E. 1970. Studies on the movement of soil moisture U. S. ［J］. Department of Agriculture.

Darra B L, Raghuvanshi C S. 1999. Irrigation Management ［M］. Atlantic Publishers.

Hagan R M, Haise H R, Edminster T W. 1967. Irrigation of agricultural lands ［M］. Irrigation of agricultural lands. American Society of Agronomy. 2010-05-21.

Israelsen O W, Rn. V E. 1962. Irrigation Principles and Practices ［M］. Wiley. New York, NY, USA.

Kirkham D, Powers W L. 1973. Advanced Soil Physics ［J］. Soil Science, 115 (5).

Penman H L. 1963. Vegetation and hydrology. ［J］. Soil Science, 96 (5)：357.

Richards L A. 1931. Capillary conduction of liquids through porous mediums ［J］. Physics, 1 (5)：318.

Schmid R B W E. 1964. Physical Properties of Soilsby R. E. Means; J. V. Parcher [J]. American Scientist, 52 (3): 340A, 342A.

Tang P S, Wang J S. 1941. A Thermodynamic Formulation of the Water Relations in an Isolated Living Cell [J]. J. Phys. Chem. , 45 (3): 443−453

Докуцаева В В. 1966. Атрофизицеокию ктодыисслкдования поцв. наука.

Мицурин В Н. 1975. Эниртетика поцвениой влаги.

Судницын И И. 1979. Мскдвижение цоцвенной влагии водопотребление растений.

Харчинко О И. 1975. Гидродотия орощаимих эхмкяь.